これから学ぶ

# コンピュータ科学入門

## ＜ハードウェア編＞

鑰山　徹　著

# はじめに

　今や，どの家庭にもパソコンが配置される時代となりました．人によっては，複数のパソコンを有し，仕事の内容によって使い分けています．インターネットも ADSL や光ファイバ（FTTH）による接続が常識となり，個人の生活の一部となっています．コンピュータは現代人の必需品であり，コンピュータの知識なくしてこの現代社会を生きていくことは困難となってきています．

　本書は，そのような時代背景のもとに書かれたコンピュータ科学の入門書です．学習のしやすさを考えて，本書「ハードウェア編」と姉妹書「ソフトウェア編」に分けてあります．本書「ハードウェア編」では，2 進数，16 進数から始め，データ表現，論理回路，機械語命令，中央処理装置，記憶装置，インターネットなどを解説しています．

　一方，姉妹書「ソフトウェア編」では，オペレーティングシステム，プログラム言語，流れ図，データ構造，数理表現，コンパイラ，データベースなどを解説しています．既に，類似の書物が多く出版されていますが，その中にあって本書は次のような特徴を持っています．

1) 本書は，コンピュータのハードウェアおよびその関連事項について基本から解説しています．前提となる基礎知識は必要としていません．全くの初心者でもコンピュータ科学の基礎が理解できるような構成になっています．

2) 基本事項の解説に加え，数多くの例題・問・復習問題を含めてありますから，演習書としても利用することができます．

3) 本書と姉妹書を合わせて，基本情報技術者試験における「午前問題の約 6 割」，「午後問題の約 2 割」という範囲をカバーしています．既往問題のうち基本と思われるものを各章で取り上げ，詳細に解説していますから，受験用の参考書・問題集としても利用できます．

II　は　じ　め　に

　本書・姉妹書を利用することによって，読者諸兄にコンピュータ科学に関する知識を深めて頂ければ幸いです．また，基本情報技術者試験の受験者がめでたく合格されることを願ってやみません．なお，筆者の浅薄な知識のため，不適切な表現があるかもしれません．ご叱責いただければ幸いです．

　最後になりましたが，本書の執筆を勧めて下さった工学図書の川村悦三氏には，原稿を丹念に読んで頂き，有益なコメントをいただきました．深く感謝いたします．

2004年　9月

著者　しるす

# 目 次

## 第1章 コンピュータの基本
1.1 コンピュータの種類 ··································································· 1
1.2 ハードウェアの概要 ································································· 2
1.3 ソフトウェアの概要 ································································· 5
1.4 既 往 問 題 ··········································································· 5
　　第1章のまとめ ············································································ 8
　　復 習 問 題 1 ··········································································· 8

## 第2章 データ表現
2.1 10 進 数 ··········································································· 9
2.2 2 進 数 ········································································· 10
2.3 16 進 数 ········································································· 15
2.4 整 数 表 現 ········································································· 20
2.5 実 数 表 現 ········································································· 24
2.6 文 字 表 現 ········································································· 28
2.7 2 進化 10 進数 ········································································· 30
2.8 既 往 問 題 ········································································· 32
　　第2章のまとめ ·········································································· 38
　　復 習 問 題 2 ········································································· 38

## 第3章 論理演算と論理回路
3.1 論 理 演 算 子 ········································································· 40
3.2 論理式と真理値表 ································································· 42
3.3 ビット毎の論理演算 ································································· 46
3.4 シ フ ト ········································································· 48
3.5 論理回路と算術回路 ································································· 51
3.6 ブール代数と集合演算 ····························································· 55
3.7 既 往 問 題 ········································································· 56
　　第3章のまとめ ·········································································· 64
　　復 習 問 題 3 ········································································· 64

## 第4章　機械語命令

- 4.1　機械語命令の役割 …… 66
- 4.2　命令の形式 …… 66
- 4.3　実効アドレスの計算 …… 68
- 4.4　命令の種類 …… 70
- 4.5　ニモニックコード …… 73
- 4.6　既往問題 …… 78
- 第4章のまとめ …… 79
- 復習問題 4 …… 79

## 第5章　各種ハードウェア

- 5.1　主記憶装置 …… 82
- 5.2　中央処理装置 …… 87
- 5.3　補助記憶装置 …… 95
- 5.4　既往問題 …… 103
- 第5章のまとめ …… 112
- 復習問題 5 …… 113

## 第6章　データ通信と信頼性

- 6.1　データ通信の基本 …… 115
- 6.2　ネットワークシステム …… 117
- 6.3　LAN …… 119
- 6.4　インターネット …… 121
- 6.5　システムの信頼性 …… 123
- 6.6　既往問題 …… 126
- 第6章のまとめ …… 133
- 復習問題 6 …… 134
- 問の解答 …… 135
- まとめの解答 …… 141
- 復習問題の解答 …… 142
- 索引 …… 147
- 参考文献 …… 155

# 第1章　コンピュータの基本

> コンピュータにはいろいろな種類がある。その種類により用途にも違いが出てくる。この章では，コンピュータをその規模・用途で分類すると共に，ハードウェア・ソフトウェアについて概説する。

## 1.1　コンピュータの種類

　一般に，我々がよく目にするコンピュータはといえば，パーソナルコンピュータすなわちパソコンであろう．しかし，世の中で用いられているコンピュータとしては，パソコン以外にもたくさん存在する．これらコンピュータを厳密に分類することは難しい．
　以下に，規模と用途による大まかな分類を示す．

### 1.A)　規模による分類

　コンピュータを規模（容量や処理スピード）によって分類すると次のようになる．

a) メインフレーム
　従来から企業などで用いられているコンピュータで，その規模によってさらに，大型・中型・小型に分類できる．

b) ミニコンピュータ
　メインフレームより小型という意味であるが，最近ではこの呼び名はあまり使用されない．

c) マイクロコンピュータ
　ミニコンピュータよりさらに小さいコンピュータである．卓上のものから手のひらサイズのものまである．

### 1.B)　用途による分類

　コンピュータを用途によって分類すると次のようになる．

a) マイコン

電化製品などに組み込まれた小さなコンピュータである.

b) パソコン

個人使用のコンピュータであり,デスクトップ・ラップトップ・ノート型がある.

c) ワークステーション

専門的な業務に用いる高機能コンピュータで,パソコンよりひとまわり大きい.技術用・事務処理用などがある.また,最近では,メールサーバやWebサーバ(後述)などとしても用いられる.

d) 汎用コンピュータ

多目的のコンピュータで,規模的にはメインフレームに相当する.

e) スーパーコンピュータ

科学技術計算用の超高速のコンピュータである.

【注】 このほかにも,制御用コンピュータやゲーム用コンピュータなどがある.

## 1.2 ハードウェアの概要

ハードウェアとは「金物」という意味であり,この言葉は装置群の総称として用いられる.

コンピュータのハードウェアは,入力装置,主記憶装置,補助記憶装置,制御装置,演算装置,出力装置から構成される.この「入力」,「記憶」,「制御」,「演算」,「出力」をハードウェアの5大機能という.各機能は図1.1に示すように互いに関連している(矢印はデータの流れを示している).なお,図中にあるCPUとは,中央処理装置(Central Processing Unit)のことで,制御装置と演算装置から構成されている.一般にいうコンピュータの「本体」である.

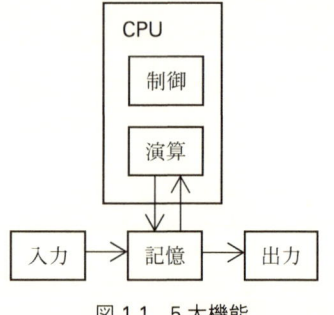

図1.1 5大機能

## 2.A) 入力機能

入力(input)とは，外部からデータを取り込むことをいう．入力装置としては，キーボード，マウス，スキャナー，OMR(Optical Mark Reader；マーク読み取り装置)，OCR(Optical Character Reader；文字読み取り装置)などがある．

## 2.B) 記憶機能

### a) 各種記憶装置

記憶装置は，主記憶装置と補助記憶装置に大別される．

主記憶装置は，CPU と共にコンピュータの本体に内蔵されている．実行するプログラムや処理対象のデータは，必ず主記憶装置のどこかに配置されなければならない．しかし，主記憶装置の記憶容量は小さいので，プログラムやデータは通常，補助記憶装置に登録される．

補助記憶装置としては，ハードディスク，フロッピィディスク，CD，DVD などがある．DVD はディジタル録画可能なディスクで，ビデオテープの代わりに使用されてきている．その記憶容量には 4.9GB，9.8GB などがある．

### b) プログラム内蔵方式

現在のコンピュータは，プログラムやデータを主記憶に登録して実行する方式をとっている．これを**プログラム内蔵方式**という．この方式は数学者フォンノイマンが考え出したものなので，現在のコンピュータを**ノイマン型**という．

### c) 記憶容量の単位

記憶容量を表す最小単位は**ビット(bit)**である．1 ビットは 2 進数の 1 桁を意味する．1 ビットでは 0 か 1 という 2 種類のデータを表すことができる．英字や数字などは 200 種類程度なので 8 ビットで表現できる．この 8 ビットのまとまりを 1 バイ

表1.1　容量の単位

| 単　位 | 意　味 | 概算値 |
|---|---|---|
| ケーバイト(KB) | $2^{10}B=1024B$ | $10^{3}B=1000B$ |
| メガバイト(MB) | $2^{20}B=1024KB$ | $10^{6}B=$百万$B$ |
| ギガバイト(GB) | $2^{30}B=1024MB$ | $10^{9}B=10$億$B$ |
| テラバイト(TB) | $2^{40}B=1024GB$ | $10^{12}B=1$兆$B$ |

ト(byte)といい，記号 B で表す．すなわち，1B=8 ビットであり，$2^8$=256 通りのデータを表現できる．

【注1】 一般に，$n$ ビットでは $2^n$ 通りのデータを表現できる．
【注2】 漢字は種類が多いので 16 ビットすなわち 2 バイトで表す．1 バイトで表現できる文字を半角文字，2 バイト必要な文字を全角文字という．

さらに，その上の単位として，表1.1に示すケーバイト(KB)，メガバイト(MB)，ギガバイト(GB)，テラバイト(TB)がよく用いられる．

kB（キロバイト）という単位も使われる．1kB は 1000B である．1KB=1024B は 1kB=1000B にほぼ等しいので，実務では，両者はよく混同されて用いられることが多い．また，メガバイトやギガバイトなども表 1.1 の右部に示す概算値でしばしば代用される．

d) アドレス

記憶装置には 8 ビット単位，16 ビット単位などにアドレスと呼ばれる一連番号が付けられている．記憶装置内のデータやプログラムはすべて，このアドレスを用いることによって識別される．

## 2.C)　CPU(中央処理装置)

すでに述べたように，CPU は演算装置と制御装置から構成される．演算装置には算術演算や論理演算をおこなう回路が組み込まれている．パソコンなど，小型のコンピュータの場合は，CPU とは呼ばず，MPU もしくはマイクロプロセッサという．

なお，専門書ではアーキテクチャという用語がよく用いられる．これはハードウェア（特に CPU）の構成を表す概念であるが，本書では深入りしない．

## 2.D)　出力機能

出力(output)とは，コンピュータから外部にデータを取り出すことをいう．出力装置としては，ディスプレイ装置，プリンタなどがある．プリンタには，キャラクタプリンタ（文字単位の出力），ラインプリンタ（行単位の出力），ページプリンタ（ページ単位の出力）などがある．

## 1.3 ソフトウェアの概要

ソフトウェアは，単に「ソフト」ともいう．「ワープロソフト」，「表計算ソフト」などと言われるように，プログラムの総称である．

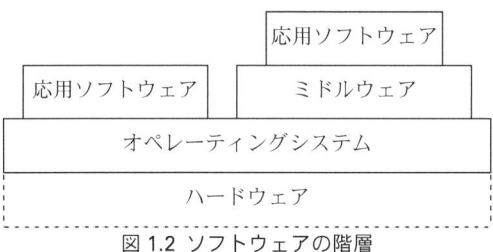

図 1.2 ソフトウェアの階層

ソフトウェアは，以下に示す 3 種類に分類できる．これらは図 1.2 に示すように，階層化されている．

a) オペレーティングシステム

オペレーティングシステム(Operating System)とは，ハードウェア資源を有効活用し，システム全体の効率化を図るための基本ソフトウェアである．オペレーティングシステムは略して OS（オーエス）という．その他のソフトウェアはこの OS 上で動作する．OS の例としては，パソコンの Windows（ウィンドウズ），ワークステーションの UNIX（ユニックス），その発展版である Linux（リナックス）などがある．

b) 応用ソフトウェア

応用ソフトウェアは，応用プログラム（アプリケーションプログラム）ともいい，各種業務の処理をおこなう個別のプログラムである．

c) ミドルウェア

ミドルウェアは，OS と応用ソフトウェアの中間に位置し，OS に準じた基本的な機能をユーザに提供するソフトウェアである．ミドルウェアとしては，データベース管理システム，通信管理システムなどがある．

## 1.4 既往問題

---
**例題 1.1**

英字の大文字(A～Z)と数字(0～9)を同一のビット数で一意にコード化するには，少なくとも何ビット必要か．

6　第1章　コンピュータの基本

>　　ア　5　　　　イ　6　　　　ウ　7　　　　エ　8

【解説】　1ビットでは2種類のデータ（0と1）が表現できる．2ビットになると$2^2=4$種類，3ビットでは$2^3=8$種類である．一般に，$n$ビットでは$2^n$種類となる．さて，英字26種類，数字10種類，合わせて36種類を一意に識別できるようにするためには，$2^5=32 < 36 < 2^6=64$より，6ビット必要となる．

【解答】　イ

---
例題 1.2

コンピュータの基本アーキテクチャで，プログラムとデータを一緒にコンピュータの記憶装置の中に読み込んで実行する方式はどれか．
　　ア　アドレス方式　　　　　　　イ　仮想記憶方式
　　ウ　直接プログラム制御方式　　エ　プログラム内蔵方式

---

【解説】　プログラムとデータを記憶装置に読み込んで実行する方式をプログラム内蔵方式またはストアドプログラム方式という．

【解答】　エ

---
例題 1.3

コンピュータで連立一次方程式の解を求めるのに，式に含まれる未知数の個数の3乗に比例する計算時間がかかるとする．あるコンピュータで100元連立一次方程式の解を求めるのに2秒かかったとすると，その4倍の演算速度を持つコンピュータで1000元連立一次方程式の解を求めるときの計算時間は何秒か．
　　ア　5　　　　　イ　50　　　　　ウ　500　　　　　エ　5000

---

【解説】　「未知数の個数の3乗に比例する計算時間がかかる」という条件が重要である．未知数が100元から1000元になれば，10倍であるから計算時間は$10^3=1000$倍になる．したがって，100元で2秒かかったのであれば，1000元では$2\times 1000=2000$秒となる．

一方，演算速度が 4 倍のコンピュータでは演算時間は $\frac{1}{4}$ 倍であるから，求める時間は 2000 秒 × $\frac{1}{4}$ = 500 秒となる．

【解答】　ウ

---

**例題 1.4**

正三角形の内部の点から，各辺に下ろした垂線の長さの和は一定である（図1参照）．三角グラフは，この性質を利用して，三つの辺に対応させた要素の構成比を垂線の長さの関係として表したグラフである．図2の三角グラフは，3 種類のソフトについて，A~D の 4 人の使用率を図示したものである．正しい解釈はどれか．

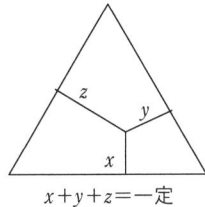
図1　正三角形の性質

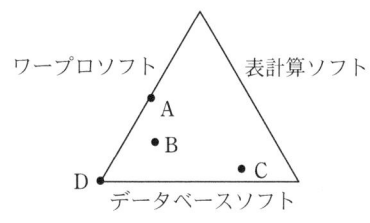
図2　三角グラフ

ア　A さんはワープロソフトだけを使用している．
イ　B さんは表計算ソフトの使用率が高い．
ウ　C さんはデータベースソフト，表計算ソフト，ワープロソフトの順に使用率が高い．
エ　D さんは表計算ソフトを使用していない．

【解説】　図2から，「A さんはワープロソフトを使用していない」，「B さんは表計算ソフトの使用率が高い」，「C さんはほとんどワープロソフトのみを使用している」，「D さんは表計算ソフトしか使用していない」ことがわかる．

【解答】　イ

---

**例題 1.5**

コンピュータの基本構成を表す図中の ☐ に入れるべき適切な字句の組合せはどれか．

|   | a | b | c |
|---|---|---|---|
| ア | 演算装置 | 記憶装置 | 制御装置 |
| イ | 記憶装置 | 制御装置 | 演算装置 |
| ウ | 制御装置 | 演算装置 | 記憶装置 |
| エ | 制御装置 | 記憶装置 | 演算装置 |

【解説】 制御の流れからaが制御装置であることは明らかである．また，データはいったん記憶装置に入るのでbが記憶装置である．

【解答】 エ

### 第1章のまとめ

1) ［ a) ］は，パソコンよりひとまわり大きい高機能コンピュータで，Web サーバなどとして利用されている．
2) CPU とは［ b) ］装置のことで，制御装置と演算装置からなる．
3) 1GB（ギガバイト）は［ c) ］MB（メガバイト）である．
4) OS とは［ d) ］の略である．
5) ［ e) ］は［ a) ］用の OS として利用されてきたが，最近ではその一種である Linux がパソコンの OS としての地位を確立しつつある．
6) ［ f) ］はディジタル録画可能なディスクで，その記憶容量には 4.9GB，9.8GB などがある．

### 復習問題 1

1　1MB（=$2^{20}$B）は正確には何バイトか．
2　1 バイトで何種類の文字を表すことができるか．2 バイトの場合はどうか．
3　A4 用紙 1 枚当たりの印刷時間が平均 6 秒であるページプリンタがある．このプリンタは 1 時間に平均何枚の A4 用紙が印刷可能か．

# 第 2 章　データ表現

> この章では，コンピュータの内部におけるデータ表現について解説する．コンピュータの世界は 2 進数なので，データの内部表現も 2 進数が基本である．また，16 進数も便宜的によく用いられる．そこで，まず，2 進数と 16 進数を説明したのち，整数表現・実数表現・文字表現に進む．

## 2.1　10 進数

コンピュータの世界に入る前に，まず，我々人間の世界における数の表記について考えてみよう．

我々は，数を表現するのに原則として 10 進数を用いている．10 進数では，数字は 0～9 の 10 個である．9 の次の数はないので，一つ繰り上げをおこなって 10 と表す．すなわち，9 の次は 10 である．同様に，99 の次は 100 である．このように複数の桁を使うことによって，任意の数を表現することができる．

複数の桁を用いている場合，各桁には「重み」と呼ばれる数値が対応する．

例えば，2345 という 10 進数では，数字 2 は千の位なので $1000(=10^3)$ という重みが付き，数字 3 は百の位なので $100(=10^2)$ という重みが付いている．一般に，$n$ 桁目 ($n=1,2,3,\cdots$) の数字には $10^{n-1}$ という重みが付く．

　　【注】　$10^0=1$ である．

小数点以下の数字については小数 $n$ 桁目 ($n=1,2,3,\cdots$) に $10^{-n}$ という重みが付く．例えば，0.678 という 10 進数では，数字 6 の重みは $10^{-1}\left(=\frac{1}{10}=0.1\right)$ であり，数字 7 の重みは $10^{-2}\left(=\frac{1}{10^2}=0.01\right)$ である．

　　【注】　一般に，$x^{-n}=\frac{1}{x^n}$ ($x \neq 0$) である．

整理すると，10 進数は次のような性質を持つ数の表現である．

> 1) 数字は 0～9 の 10 個である．
> 2) $n$ 桁目には $10^{n-1}$，小数 $n$ 桁目には $10^{-n}$ という重みが付いている．　($n=1, 2, 3, \cdots$)

## 2.2　2進数

### 2.A)　2進数の基礎

コンピュータの中では，電流が流れているか流れていないかの2種類，磁化されているかされていないかの2種類が基本となっている．これらを0と1で表すと，2進数として扱うことができる．

すなわち，コンピュータの世界では2進数が使われる．簡単な2進数とそれに対応する10進数を表2.1に示す．2進数では0と1しか使用しないので，1の次は10，11の次は100となる（図2.1）．

2進数でも複数の桁を用いるので，各桁には重みが付いている．$n$桁目の数字の重みは$2^{n-1}$である．例えば，10110は2進数とみなすことができる．各桁の重みは図2.2に示すとおりである．ただし，この表現のままでは，10進数なのか2進数なのかが区別できない．そこで2進数の場合，$(10110)_2$のように全体を括弧でくくって右下に基数の2を書くことにする．

小数点以下の数字については小数$n$桁目に$2^{-n}$という重み（$n=1,2,3,\cdots$）が付く．

例えば，$(0.101)_2$という2進数では，小数1桁目の数字1の重みは$2^{-1}$であり，小数3桁目の数字1の重みは$2^{-3}$である．

整理すると，2進数とは次のような性質を持つ数の表現である．

> 1)　各桁は0か1のいずれかである．
> 2)　$n$桁目には$2^{n-1}$，小数$n$桁目には$2^{-n}$という重みが付いている．
>   （$n=1, 2, 3, \cdots$）

表2.1　10進数と2進数

| 10進数 | 2進数 |
|---|---|
| 1 | 1 |
| 2 | 10 |
| 3 | 11 |
| 4 | 100 |
| 5 | 101 |
| 6 | 110 |
| 7 | 111 |
| 8 | 1000 |
| 9 | 1001 |
| 10 | 1010 |

1の次　　　＝　　　10
11の次　　　＝　　　100
111の次　　　＝　　　1000

図2.1　2進数における桁上がり

$(\ 1\ 0\ 1\ 1\ 0\ )_2$
$\downarrow\ \downarrow\ \downarrow\ \downarrow\ \downarrow$
重み … $2^4\ 2^3\ 2^2\ 2^1\ 2^0$

図2.2　2進数の例

【注1】 2進数では2という数字は使用しない．
【注2】 $(10)_2$ はジュウではなくイチゼロと読む．$(101)_2$ はヒャクイチではなくイチゼロイチと読む．
【注3】 すでに述べたように，2進数の1桁をビット（bit；binary digit の略）という．
【注4】 $2^0=1$ である．

---
**例題 2.1**

次の2進数において，最左端と最右端にある数字1の重みを求めなさい．

1)　1001　　　　2)　111010.011

---

【解説】 小数点が基準である．1）では小数点は記述されていないが，右端にあると考える．

【解答】 1)　最左端 $2^3$，最右端 $2^0$　　　2)　最左端 $2^5$，最右端 $2^{-3}$

問 2.1　次の2進数において，最左端と最右端にある数字1の重みを求めなさい．

1)　110001　　　2)　1011010.01

各数値は，10進数でも2進数でも表現できる．表 2.1 に示した対応関係はそのまま覚えておくと便利である．しかし，任意の10進数を2進数で表現したり，逆に2進数を10進数に直すためには，別の方法が必要となる．以下に，その変換方法を示す．

## 2.B)　2進10進変換

2進数を10進数に変換するには，2進数の各桁が持つ重みを利用する．各桁の数字（0か1）にその桁の重みを掛け，全体を加えるだけでよい．例えば，$(1001.1)_2$ という2進数であれば，

$$(1001.1)_2 = 1\times 2^3 + 0\times 2^2 + 0\times 2^1 + 1\times 2^0 + 1\times 2^{-1}$$
$$= 1\times 8 + 0\times 4 + 0\times 2 + 1\times 1 + 1\times 0.5$$
$$= 8+0+0+1+0.5$$
$$= 9.5$$

となる．

よく用いる重みを表 2.2 に示す．これらは重要なので覚えておくとよい．なお，小数点以下の桁の重みについては，次のような計算となる．

$2^{-1} = \dfrac{1}{2} = 0.5$, $2^{-2} = \dfrac{1}{2^2} = \dfrac{1}{4} = 0.25$,

$2^{-3} = \dfrac{1}{2^3} = \dfrac{1}{8} = 0.125$,

$2^{-4} = \dfrac{1}{2^4} = \dfrac{1}{16} = 0.0625$

表 2.2　2 進数の重み

| 重み | 値 |
|---|---|
| $2^0$ | 1 |
| $2^1$ | 2 |
| $2^2$ | 4 |
| $2^3$ | 8 |
| $2^4$ | 16 |
| $2^5$ | 32 |
| $2^6$ | 64 |
| $2^7$ | 128 |
| $2^8$ | 256 |
| $2^9$ | 512 |
| $2^{10}$ | 1024 |

| 重み | 値 |
|---|---|
| $2^{-1}$ | 0.5 |
| $2^{-2}$ | 0.25 |
| $2^{-3}$ | 0.125 |
| $2^{-4}$ | 0.0625 |

---
**例題 2.2**

以下の 2 進数を 10 進数に変換しなさい．
1)　$(1010)_2$　　2)　$(0.011)_2$　　3)　$(11011.01)_2$

---

**【解説】** 重みは，小数点が基準になって付けられていることに注意しよう．また，0 に何を掛けても 0 なので，0 の桁は無視できる．さらに，1 に $x$ を掛けても $x$ のままなので，結局，<u>1 となっている桁の重みだけを足せばよい</u>．例えば，1) の場合，

$(1010)_2 = 1 \times 2^3 + 0 \times 2^2 + 1 \times 2^1 + 0 \times 2^0 = 2^3 + 2^1$

となる．

**【解答】**　1)　$(1010)_2 = 2^3 + 2^1 = 8 + 2 = 10$
　　　　2)　$(0.011)_2 = 2^{-2} + 2^{-3} = 0.25 + 0.125 = 0.375$
　　　　3)　$(11011.01)_2 = 2^4 + 2^3 + 2 + 1 + 2^{-2} = 16 + 8 + 2 + 1 + 0.25 = 27.25$

**問 2.2**　以下の 2 進数を 10 進数に変換しなさい．
　　1)　$(100010)_2$　　2)　$(0.111)_2$　　3)　$(11100.1)_2$

## 2.C)　10 進 2 進変換

次に，与えられた 10 進数を 2 進数に変換する方法について説明しよう．10 進数を 2 進数に変換する場合，整数部分と小数部分とで計算方法が異なる．

a) 整数部分の変換

整数部分は，2で割っていき，余りを求める．2で割るので余りは0か1である．これを繰り返すと，商はどんどん小さくなっていき，いずれ1になる．そこで計算は終了である．得られたそれぞれの余りを終了したところから順に並べると求める2進数が得られる．10進数100の場合の計算を図2.3に示す．この結果，

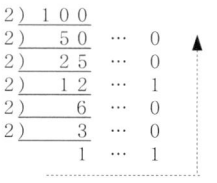

図2.3　整数部分の2進化

$$100 = (1100100)_2$$

となる．下の数字の方を左に記述することに注意しよう．

b) 小数部分の変換

小数部分は，逆に2倍していき，整数となったものを順に並べる．小数なので，2倍すると，整数部分は0か1になる．これを小数点の次に左から順に並べる．10進小数0.625の場合の計算を図2.4に示す．この結果，

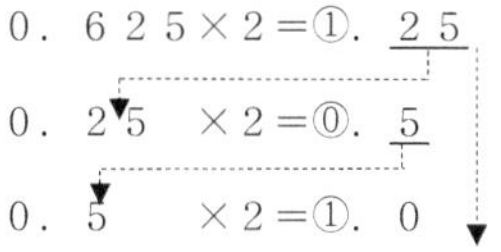

図2.4　小数部分の2進化

$$0.625 = (0.101)_2$$

となる．後で得られた整数ほど右側に置く．この結果が正しいかどうかは，得られた2進数を10進変換してみるとわかる．上の例の場合，

$$(0.101)_2 = 2^{-1} + 2^{-3} = 0.5 + 0.125 = 0.625$$

であり，確かに変換が正しいことがわかる．

【注】　2進数の有限小数を10進数に変換した場合，結果は必ず有限小数となる．しかし，10進数の有限小数を2進数に変換しても有限小数になるとは限らない．例えば，10進数の0.1を2進数に変換してみると

$$0.1 = (0.0001\ 1001\ 1001\ \cdots)_2$$

のように，無限小数となる．

c) 整数と小数部分が混在している場合

整数と小数が混在する一般の10進数値では，整数部分と小数部分に分け，それぞれを別々に計算し，その結果をつなげばよい．

$$100.625 = 100 + 0.625 = (1100100)_2 + (0.101)_2 = (1100100.101)_2$$

---
**例題 2.3**

以下の 10 進数を 2 進数に変換しなさい．

1)　150　　　　2)　0.375　　　　3)　28.25
---

【解説】　整数部分は 2 で割っていき，小数部分は 2 倍していく．

【解答】

1)
```
2) 150
2)  75 … 0
2)  37 … 1
2)  18 … 1
2)   9 … 0
2)   4 … 1
2)   2 … 0
     1 … 0
```
$150 = (10010110)_2$

2)
$0.375 \times 2 = ⓪.75$
$0.75 \times 2 = ①.5$
$0.5 \times 2 = ①.0$

$0.375 = (0.011)_2$

3)
```
2) 28
2) 14 … 0
2)  7 … 0
2)  3 … 1
    1 … 1
```
$28 = (11100)_2$

$0.25 \times 2 = ⓪.5$
$0.5 \times 2 = ①.0$

$0.25 = (0.01)_2$

よって　$28.25 = (11100.01)_2$

問 2.3　以下の 10 進数を 2 進数に変換しなさい．

1)　200　　　　2)　0.0625　　　　3)　80.75

## 2.D)　2 進数の加算

2 進数の足し算は，1 桁だけを考えると，図 2.5 に示すように 4 通りしかない．

$(1)_2 + (1)_2$ の場合だけ，桁上がりが生じる．それ以外は 10 進数の場合と同じように計算することができる．もちろん，小数点以下があるときは，小数点をそろえて計算する．

```
   0    0    1    1
+) 0 +) 1 +) 0 +) 1
   0    1    1   10
```

図2.5　2進数1桁の加算

---
**例題 2.4**

以下の計算を 2 進数でおこない，10 進数で検算しなさい．

1)　$(1101)_2 + (101)_2$　　　　2)　$(1011.1)_2 + (1.01)_2$
---

【解説】　1)の場合，整数同士の計算なので右端をそろえる．2)の場合は，小

数点を揃える.

【解答】 1)　　(1101)₂　　13　　2)　　(1011.1)₂　　11.5
　　　　+)　(101)₂　+)　5　　　　+)　(1.01)₂　+)　1.25
　　　　　(10010)₂　　18　　　　　(1100.11)₂　　12.75

問 2.4 以下の計算を2進数でおこない，10進数で検算しなさい．
　　1)　(10101)₂ + (101)₂　　2)　(110.11)₂ + (11.11)₂

## 2.3　16進数

2進数は桁の重みが小さいため，どうしても桁数が多くなってしまう．そこで，2進数との変換が簡単で，しかも桁数があまり多くならない16進数が，2進数のかわりとしてよく用いられる．

表 2.3　16進数と2進数，10進数

| 16進数 | 2進数 | 10進数 | 16進数 | 2進数 | 10進数 |
|---|---|---|---|---|---|
| 0 | 0000 | 0 | 8 | 1000 | 8 |
| 1 | 0001 | 1 | 9 | 1001 | 9 |
| 2 | 0010 | 2 | A | 1010 | 10 |
| 3 | 0011 | 3 | B | 1011 | 11 |
| 4 | 0100 | 4 | C | 1100 | 12 |
| 5 | 0101 | 5 | D | 1101 | 13 |
| 6 | 0110 | 6 | E | 1110 | 14 |
| 7 | 0111 | 7 | F | 1111 | 15 |

16進数では16個の数字が必要である．しかし，我々は，10進数を用いており，数字としては0〜9の10個しか持っていない．そこで，16進数では，0〜9のほかに，英字のA〜F(小文字のa〜fでもよい)を数字として代用する．英字A〜Fの意味は，次の通りである．

　　$(A)_{16}=10$,　　$(B)_{16}=11$,　　$(C)_{16}=12$,　　$(D)_{16}=13$,　　$(E)_{16}=14$,　　$(F)_{16}=15$

このように，16進数を表す場合，全体を括弧でくくって右下に16と記述する．したがって，例えば，$(FF2C)_{16}$，$(0.0A2B)_{16}$ などは16進数である．

## 3.A) 16進10進変換

16進数における各桁の重みは $16^n$ ($n=\cdots, 3, 2, 1, 0, -1, \cdots$) である．例えば，$(5AF.8)_{16}$ においては，数字5の桁の重みは $16^2$，数字Aの桁の重みは $16^1$，数字Fの桁の重みは $16^0$，数字8の桁の重みは $16^{-1}$ である．したがって，16進数を10進数に変換するには，各桁の数字と重みを掛け，全体を加えればよい．

$(5AF.8)_{16} = 5\times16^2 + 10\times16^1 + 15\times16^0 + 8\times16^{-1} = 5\times256 + 10\times16 + 15 + \frac{8}{16} = 1455.5$

となる．なお，よく用いる重みを以下に掲げておく．

$16^3=4096, \quad 16^2=256, \quad 16^1=16, \quad 16^0=1, \quad 16^{-1}=\frac{1}{16}=0.0625$

---
**例題 2.5**

以下の16進数を10進数に変換しなさい．
  1) $(7B)_{16}$   2) $(0.A)_{16}$   3) $(F4.2)_{16}$

---

【解説】 各桁の数字と重みを掛け，全体を加えればよい．小数点がない場合は，右端に小数点があると考える．小数点の左隣の重みは $16^1$ ではなく $16^0=1$ であることに注意しよう．

【解答】 1) $(7B)_{16} = 7\times16^1 + 11\times16^0 = 112 + 11 = 123$
   2) $(0.A)_{16} = 10\times16^{-1} = 10\times0.0625 = 0.625$
   3) $(F4.2)_{16} = 15\times16^1 + 4\times16^0 + 2\times16^{-1} = 240 + 4 + 0.125 = 244.125$

問 2.5 以下の16進数を10進数に変換しなさい．
  1) $(6F)_{16}$   2) $(0.C)_{16}$   3) $(2A0.4)_{16}$

## 3.B) 10進16進変換

10進数を16進数に変換する場合は，2進数への変換と同様，整数部分と小数部分に分けておこなう．

### a) 整数部分の変換

整数部分は16で割れるだけ割っていき，余りを順に並べる．16で割るので余りは0～15である．この0～15が16進数の一桁になる．余りの10～15はもちろん $(A)_{16}$ ～ $(F)_{16}$ に変換する．

```
16 ) 300
16 )  18  … 12
      1   …  2
```

図 2.6 整数部分の16進化

例えば，300という10進数の場合，300÷16=18…12より，余り12=(C)$_{16}$が得られる．商の18はさらに16で割ることができ，18÷16=1…2となる．この結果，300=(12C)$_{16}$となる(図2.6)．

b) 小数部分の変換

小数部分は16倍していき，整数として現れる0～15を16進数の一桁として並べる．ここでも，10～15は(A)$_{16}$～(F)$_{16}$に変換する．例えば，0.125という10進数を16進数に変換するには，0.125を16倍すればよい．整数として2が得られ，小数部分は0なので，0.125=(0.2)$_{16}$となる（図2.7）．

0．1 2 5×1 6＝②．0

図2.7 小数部分の16進化

c) 整数と小数が混在している場合

整数と小数が混在している10進数の場合は，両者をそれぞれ別に変換し，その結果をつなげばよい．

---
**例題 2.6**

以下の10進数を16進数に変換しなさい．

1) 500　　　2) 0.75　　　3) 200.625

---

【解説】　整数部分は16で割っていき，小数部分は16倍していく．なお，得られた結果が10～15の場合は(A)$_{16}$～(F)$_{16}$に変換する．

【解答】　1)　　16 ) 5 0 0
　　　　　　　　16 )　3 1 … 4
　　　　　　　　　　　　1 … 1 5 → F
　　　　　　　　5 0 0＝(1 F 4)$_{16}$

2)　0．7 5×1 6＝1 2 → C

　　0．7 5＝(0．C)$_{16}$

3)　　16 ) 2 0 0
　　　　　　1 2 … 8
　　　　　　↓
　　　　　　C
　　2 0 0＝(C 8)$_{16}$

0．6 2 5×1 6＝1 0 → A

0．6 2 5＝(0．A)$_{16}$

よって，2 0 0．6 2 5＝(C 8．A)$_{16}$

問2.6　以下の10進数を16進数に変換しなさい．

　　1)　1000　　　2)　0.5　　　3)　100.875

## 3.C) 2進16進変換

2進数と16進数には

「2進数の4桁(4ビット)が16進数の1桁に相当する」

という関係がある(表2.3参照). この4という数字は$16=2^4$であることによる. したがって, 2進数を16進数に変換するには, 小数点を基準にして, 4ビット毎にまとめればよい.

---
**例題 2.7**

以下の2進数を16進数に変換しなさい.
1)　$(10110)_2$　　　2)　$(0.101)_2$　　　3)　$(111011.11)_2$

---

【解説】　まず, 小数点を基準にする. 1)の場合は右端に小数点があるとみなす. そして4ビット毎にまとめる. その際, 右端と左端には, 4ビットになるように適当に0を補う必要があるかもしれない. あとは, 表2.3にしたがって変換する. 以下では, わかりやすいように4ビット毎に空白を挿入している.

【解答】　1)　$(10110)_2 = (0001\ 0110)_2 = (16)_{16}$
　　　　2)　$(0.101)_2 = (0.1010)_2 = (0.A)_{16}$
　　　　3)　$(111011.11)_2 = (0011\ 1011.1100)_2 = (3B.C)_{16}$
　　　　【注】　$(0.101)_2 \neq (0.5)_{16}$なので注意しよう.

問 2.7　以下の2進数を16進数に変換しなさい.
　　　1)　$(1111111)_2$　　　2)　$(0.11011)_2$　　　3)　$(110101110.11)_2$

## 3.D) 16進2進変換

16進数を2進数に変換するには, やはり, 表2.3を用いる. まず, 16進数の1桁(0～9, A～F)を2進数4桁に変換したのち, 左右の無駄な0を削除する.

---
**例題 2.8**

以下の16進数を2進数に変換しなさい.
1)　$(3E)_{16}$　　　2)　$(0.C)_{16}$　　　3)　$(1B4.A)_{16}$

---

【解説】 表 2.3 を利用して，16 進数 1 桁を 2 進数 4 桁に変換し，左右の無駄な 0 を削除すればよい．

【解答】　1)　$(3E)_{16} = (0011\ 1110)_2 = (111110)_2$

2)　$(0.C)_{16} = (0.1100)_2 = (0.11)_2$

3)　$(1B4.A)_{16} = (0001\ 1011\ 0100.1010)_2 = (110110100.101)_2$

問 2.8　以下の 16 進数を 2 進数に変換しなさい．

1)　$(F06)_{16}$　　　2)　$(0.08)_{16}$　　　3)　$(4A0.F6)_{16}$

---

**■ 一口メモ ($n$ 進数) ■**

最近はあまり用いられないが，ひと頃は 8 進数も利用されていた．8 進数では 0〜7 という数字を用いる．$2^3=8$ であることから，2 進数の 3 桁が 8 進数の 1 桁となる．実際，

$(000)_2=(0)_8$, $(001)_2=(1)_8$, $(010)_2=(2)_8$, $(011)_2=(3)_8$

$(100)_2=(4)_8$, $(101)_2=(5)_8$, $(110)_2=(6)_8$, $(111)_2=(7)_8$

である．したがって，例えば，$(0101\ 1110)_2$ という 1 バイトのデータは

$(0101\ 1110)_2 = (01\ 011\ 110)_2 = (136)_8$

と変換できる．また，8 進数では各桁に 8 の累乗の重みが付いているので，8 進数を 10 進数に変換するには各桁の数字に 8 の累乗を掛けて加えればよい．例えば，

$(125.6)_8 = 1\times8^2 + 2\times8^1 + 5\times8^0 + 6\times8^{-1} = 64+16+5+0.75 = 85.75$

となる．

一般に，$n$ 進数を考えることができる．$n$ 進数では，

- $n$ 個の数字 $0\sim(n-1)$ を用いる．
- 各桁に $n$ の累乗という重みが付いている．

基本情報技術者試験でも，ときおり 5 進数や 7 進数の問題が出題されている．

## 2.4 整数表現

整数とは小数点以下を含まない数であり，8ビット整数，16ビット整数，32ビット整数などがある．整数では，符号を考慮する(すなわち負数を表現する)場合と，符号を考えない場合とがある．

### 4.A) 符号なし整数

一般に，$n$ビットでは，$2^n$通りのビットパターンがある．したがって，負数を考えない符号なし整数では，$0 \sim 2^n-1$の範囲の数が表せる．例えば，

8ビットの場合，$0 \sim 255 (= 2^8 - 1)$の範囲，

16ビットの場合，$0 \sim 65535 (= 2^{16} - 1)$の範囲

となる．

以下では，16ビット整数を中心に説明するが，8ビット整数や32ビット整数でも基本的な考え方は同じである．

---
**例題 2.9**

以下の10進数を16ビットの2進数で表し，さらに16進表現しなさい．

1) 50  2) 256  3) 32767

---

【解説】16ビットでは，0〜65535の範囲の整数しか表せないが，その範囲内の整数であれば，すでに述べた10進2進変換を用いて2進数に変換し，左側に適当に0を付けて16ビットにすればよい．なお，以下では，16ビットであることを明確にするために，4ビット毎に空白でわけ，全体を四角で囲むことにする．また，16ビットは16進数で4桁となる．

【解答】
1) $50 = (11\ 0010)_2 = \boxed{(0000\ 0000\ 0011\ 0010)_2} = \boxed{(0032)_{16}}$
2) $256 = (1\ 0000\ 0000)_2 = \boxed{(0000\ 0001\ 0000\ 0000)_2} = \boxed{(0100)_{16}}$
3) $32767 = (111\ 1111\ 1111\ 1111)_2 = \boxed{(0111\ 1111\ 1111\ 1111)_2}$
   $= \boxed{(7FFF)_{16}}$

問 2.9 以下の 10 進数を 16 ビットの 2 進数で表し，さらに 16 進表現しなさい．

　　　　1) 400　　　　2) 255　　　　3) 32768

16 ビットの符号なし整数全体を表にすると，表 2.4 のようになる．

表 2.4　16 ビットの符号なし整数

| 10 進表現 | 2 進表現 | 16 進表現 |
|---|---|---|
| 0 | 0000 0000 0000 0000 | 0000 |
| 1 | 0000 0000 0000 0001 | 0001 |
| 2 | 0000 0000 0000 0010 | 0002 |
| … | … | … |
| 65534 | 1111 1111 1111 1110 | FFFE |
| 65535 | 1111 1111 1111 1111 | FFFF |

## 4.B)　符号付き整数

符号付き整数では負数も表現できる．ここでも 16 ビットを用いて説明する．

まず，符号であるが，先頭（最左端）の第 15 ビット目を符号ビットとして用いる（図 2.8 参照）．符号ビットは，負数のとき 1，0 以上のとき 0 とする．それにより，16 ビットでは，負数が $2^{15} = 32768$ 通り，0 以上が $2^{15}$ 通りとなる．したがって，数値の範囲としては，

　　　$-32768 \sim 32767$

を表せることになる．

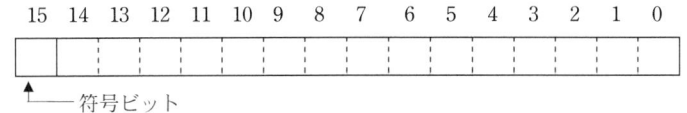

図2.8　符号付き整数の表現

0 以上の整数は符号なし整数と考えればよい．問題は負数をどう表現するかである．実は，負数を表現する方法としては，絶対値表現，1 の補数表現，2 の補数表現の 3 通りがある．以下に，これらについて解説する．例として，$-100$ を用いることにしよう．まず，$100 = (1100100)_2$ なので，

　　　$+100 = (1100100)_2 = \boxed{(0\ 000\ 0000\ 0110\ 0100)_2} = \boxed{(0064)_{16}}$

である．

### a)　絶対値表現

符号ビットだけを負数の状態（すなわち 1）にし，値の部分は負数と正数とで同じビットパターンを用いる．したがって，絶対値表現による $-100$ は

となる.

### b) 1の補数表現

正数の表現に対し，0と1を反転させたものである．したがって，1の補数表現による$-100$は

$$-100 = (1\,111\,1111\,1001\,1011)_2 = (\text{FF9B})_{16}$$

である．

### c) 2の補数表現

これは，1の補数に対し，1加えたものである．したがって，2の補数表現による$-100$は

```
    (1 111 1111 1001 1011)₂
+)                        1
─────────────────────────────
-100 = (1 111 1111 1001 1100)₂ = (FF9C)₁₆
```

となる．もっとも，一般に，<u>負数としては2の補数で表現するのが普通</u>である．それは算術演算を自然に行うことができるからである．例えば，

$$(+100)+(-100)$$

という演算について考えてみよう．もちろん，答は0でなければならない．

実際，負数として2の補数を採用した場合，

```
    0000 0000 0110 0100          +100
+)  1111 1111 1001 1100      +) -100
─────────────────────────    ────────
  1 0000 0000 0000 0000           0
```

となる．左側に1があふれることになるが，それを無視すると，16ビットの範囲内では0となる．すなわち，$(+100)+(-100)=0$が自然に計算できたことになる．絶対値表現や1の補数表現ではこのような結果は得られない．

> 【注】正数同士の加算で1があふれてしまう場合や負数同士の加算で0があふれてしまう場合，正しい計算結果は得られてない．このような状態になることをオーバフローという．

―― 例題 2.10 ―――
以下の 10 進数を 16 ビットの符号付き整数で表しなさい．また，結果を 16 進表現しなさい．もちろん，2 の補数を用いること．
1)　−50　　2)　−256　　3)　−1

【解説】　2 の補数による負数の作り方を整理すると，次のようになる．
① 正数の 10 進数を 2 進数に変換する．
② 必要ならば，先頭に 0 のビットを適当につけ加え，16 ビットにする．
③ 0 と 1 を反転させる．すなわち，1 の補数を作る．
④ 1 加える．

【解答】　1)　+50　　　 = 　(0000 0000 0011 0010)$_2$
　　　　　　1 の補数　 = 　(1111 1111 1100 1101)$_2$
　　　　　　−50　　　 = 　(1111 1111 1100 1110)$_2$　=　(FFCE)$_{16}$
　　　　2)　+256　　　= 　(0000 0001 0000 0000)$_2$
　　　　　　1 の補数　 = 　(1111 1110 1111 1111)$_2$
　　　　　　−256　　　= 　(1111 1111 0000 0000)$_2$　=　(FF00)$_{16}$
　　　　3)　+1　　　　= 　(0000 0000 0000 0001)$_2$
　　　　　　1 の補数　 = 　(1111 1111 1111 1110)$_2$
　　　　　　−1　　　　= 　(1111 1111 1111 1111)$_2$　=　(FFFF)$_{16}$

問 2.10　以下の 10 進数を 16 ビットの符号付き整数で表しなさい．また，結果を 16 進表現しなさい．もちろん，負数は 2 の補数を用いること．

1)　+400 と −400　　　2)　+512 と −512
3)　+1024 と −1024

参考のために，16 ビットの符号付き整数についても**表 2.5** に示しておく．

表 2.5　16 ビットの符号付き整数

| 10 進表現 | 2 進表現 | 16 進表現 |
|---|---|---|
| −32768 | 1000 0000 0000 0000 | 8000 |
| … | … | … |
| −2 | 1111 1111 1111 1110 | FFFE |
| −1 | 1111 1111 1111 1111 | FFFF |
| 0 | 0000 0000 0000 0000 | 0000 |
| 1 | 0000 0000 0000 0001 | 0001 |
| … | … | … |
| 32766 | 0111 1111 1111 1110 | 7FFE |
| 32767 | 0111 1111 1111 1111 | 7FFF |

# 2.5　実数表現

## 5.A)　実数の基本

1.414 や 3.14159, $0.1\times 10^{-23}$ などのように小数点以下を含むような数を，実数，あるいは**浮動小数点数**と言う．実数は，32 ビットや 64 ビットで表されるが，以下では 32 ビットで説明する．

　【注】これに対し，整数を**固定小数点数**ともいう．

　実数には，いくつかの内部表現が考案されているが，ここでは，

$$M \times 16^e \quad \left(\text{ただし，}\frac{1}{16} \leqq |M| < 1\right)$$

という実数表現を用いることにする（図 2.9 参照）．

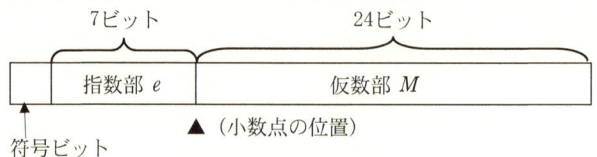

図 2.9　浮動小数点数の表現

　$M$ を**仮数部**，$e$ を**指数部**という．$M$ は絶対値表現で，$e$ は 2 の補数表現で，負数を表す．32 ビットの場合，仮数部 $M$ は 24 ビット（16 進表現では 6 桁），指数部 $e$ は 7 ビットである．$2^6 = 64$ なので，$e$ の範囲は −64〜63 となる．こ

れにより，かなり大きな数や逆にかなり小さな数を表現することができる．もっとも，32ビットの浮動小数点で表される実数は，仮数部 $M$ が24ビットなので，その有効桁数は

$$\log_{10} 2^{24} = 24 \log_{10} 2 = 24 \times 0.301 = 7.224$$

より，10進数で約7.2桁である．

【注1】 $\log_{10} A$ とは，$A = 10^x$ となる $x$ のことで，$A$ の（常用）対数という．
【注2】 64ビットの浮動小数点数の場合は，仮数部が56ビットなので，

$$\log_{10} 2^{56} = 56 \log_{10} 2 = 56 \times 0.301 = 16.856$$

より，有効数字は10進数で約16.9桁となる．

## 5.B) 正規化

ところで，仮数部 $M$ には

$$\frac{1}{16} \leqq |M| < 1$$

という条件が付いている．しかし，計算の途中では，この条件を満たさないことがある．このようなとき，その数値を上の条件を満たす表現に変換することを，正規化という．

例えば，10進数では，$57 = 0.57 \times 10^2$，$0.00039 = 0.39 \times 10^{-3}$ などとすることがある．同様に，16進数でも，$(B57)_{16} = (0.B57)_{16} \times 16^3$，$(0.00A2)_{16} = (0.A2)_{16} \times 16^{-2}$ などとすることができる．正規化とは，このような方法により，仮数部を1未満 $(0.1)_{16}$ 以上にする操作である．

---
**例題 2.11**

以下の16進表現を正規化しなさい．ただし，仮数部は6桁で表すこと．
1) $(F8.7)_{16}$  2) $(0.0000A9)_{16}$  3) $(3B.FA)_{16} \times 16^5$

---

【解説】 正規化では仮数部を1未満にする．しかも，小数点以下第1位が0以外でなければならない．そのため，小数点を移動する必要がでてくる．16進数では，小数点を左に $n$ 桁移動したときは $16^n$ を，右に $n$ 桁移動したときは $16^{-n}$ を掛けなければならない．例えば，1) では，小数点を左に2桁移動するので $16^2$ を掛ける．なお，$a > 0$ のとき，$a^x \times a^y = a^{x+y}$ である．

【解答】 1)　$(F8.7)_{16} = (0.F87)_{16} \times 16^2 = (0.F87000)_{16} \times 16^2$

2)　$(0.0000A9)_{16} = (0.A9)_{16} \times 16^{-4} = (0.A90000)_{16} \times 16^{-4}$

3)　$(3B.FA)_{16} \times 16^5 = (0.3BFA)_{16} \times 16^2 \times 16^5 = (0.3BFA00)_{16} \times 16^7$

問 2.11　以下の 16 進数を正規化しなさい．ただし，仮数部は 6 桁で表すこと．

1)　$(26F8)_{16}$　　2)　$(0.00C58)_{16}$　　3)　$(FFB.9A)_{16} \times 16^{-10}$

## 5.C)　10 進数からの変換

10 進数で表された実数を 32 ビットの浮動小数点に変換するには，次のような手順を踏む．

> ① 正数を 16 進数に変換する．
> ② 正規化する．
> ③ 指数部 $e$ を 7 ビットで表す．ただし，負数は 2 の補数で表す．
> ④ 最後に符号ビットを付ける
> （負数のときは 1，0 以上のときは 0）．

例えば，$+100.0$ という 10 進数が与えられたとする．まずそれを 16 進数 $+(64.0)_{16}$ に変換する．次に，正規化により $+(0.640000)_{16} \times 16^2$ とする．これで指数部，仮数部が明確となるので，それぞれを 2 進数で表せばよい．

---
**例題 2.12**

以下の実数を 32 ビットの浮動小数点数で表し，さらにそれを 16 進表現しなさい．

1)　$+1.0$　　　　2)　$-200.0$　　　　3)　$-50.0625$

---

【解説】　10 進数で表された実数を 32 ビットの浮動小数点に変換するには，上述の手順を踏む．

【解答】 1)　$+1.0 = +(1.0)_{16} = +(0.100000)_{16} \times 16^1$ より，

$M = (0.100000)_{16} = (0.0001\ 0000\ 0000\ 0000\ 0000\ 0000)_2$,

$e = 1 = (000\ 0001)_2$, 符号ビット $= 0$

したがって，

$+1.0 =$ ┃0┃ ┃000 0001┃ ┃0001 0000 0000 0000 0000 0000┃
      $= $ ┃$(01\,100000)_{16}$┃

2) $-200.0 = -(C8.0)_{16} = -(0.C80000)_{16} \times 16^2$ より，
   $M = (0.C80000)_{16} = (0.1100\,1000\,0000\,0000\,0000\,0000)_2$,
   $e = 2 = (000\,0010)_2$，符号ビット $= 1$
   したがって，
   $-200.0 =$ ┃1┃ ┃000 0010┃ ┃1100 1000 0000 0000 0000 0000┃
          $=$ ┃$(82\,C80000)_{16}$┃

3) $50.0 = (32.0)_{16}$，$0.0625 = (0.1)_{16}$ より，
   $-50.0625 = -(32.1)_{16} = -(0.321000)_{16} \times 16^2$ となるので，
   $M = (0.321000)_{16} = (0.0011\,0010\,0001\,0000\,0000\,0000)_2$,
   $e = 2 = (000\,0010)_2$，符号ビット $= 1$
   したがって，
   $-50.0625 =$ ┃1┃ ┃000 0010┃ ┃0011 0010 0001 0000 0000 0000┃
           $=$ ┃$(82\,321000)_{16}$┃

**問 2.12** 以下の実数を 32 ビットの浮動小数点数で表し，さらにそれを 16 進表現しなさい．
   1) $+0.1$　　　2) $-100.5$

## 5.D) 誤差

　ところで，すでに述べたように，有限の 10 進小数を 2 進小数に変換した場合，無限小数になることがある．ところが浮動小数点数では，仮数部のビット数は有限(32 ビットの浮動小数点数では仮数部は 24 ビット)である．そのため，数値によっては誤差が発生する．この誤差を**打ち切り誤差**という．

　例えば，$+0.1 = +(0.19999\cdots)_{16}$ であるが，32 ビットの浮動小数点数としては，$(0.199999)_{16}$ としか表現できない．

　また，浮動小数点数の演算では，場合によって，有効桁数が減ってしまうことがある．例えば，

$(0.FF8000)_{16} - (0.FF7000)_{16} = (0.001000)_{16} = (0.1000000)_{16} \times 16^{-2}$

である．$(0.FF8000)_{16}$ も $(0.FF7000)_{16}$ も有効桁数は 16 進数で 3 桁であるが，

計算結果は1桁となってしまう．これを桁落ちという．
　さらに，
$$(0.1000000)_{16} \times 16^{60} + (0.1000000)_{16} \times 16^{-60}$$
のように指数の差が大きい場合は計算としての意味をなさない．指数の小さな$(0.1000000)_{16} \times 16^{-60}$は無視されてしまう．こちらは情報落ちという．
　したがって，浮動小数点数の演算では，場合によって工夫が必要となる．

## 2.6　文字表現

　コンピュータの内部では，文字ですら2進数で表される．文字としては，漢字を除くと，英字，数字，記号，カナ文字など約200種類がある．したがって，8ビットあればそれら文字をすべて表現することができる(8ビットのビットパターンは$2^8 = 256$通り)．
　文字を表すビットパターンを文字コードという．文字コード体系としては，JIS，EBCDIC，EUC，Unicodeなどがある．日本のパソコンでは，一般的にJISコードを用いている．以下では，JISコードで説明する．
　表2.6に半角文字のJISコード表を示す．1バイトすなわち8ビットは16進数2桁で表すことができる．表2.6では上位4ビットを表す1桁が上に，下位4ビットを表す1桁が横に記述されている．例えば，英字の'A'は$(41)_{16}$である．実際，表2.6の4列目1行目が'A'となっている．また，数字の'0'は$(30)_{16}$である(3列目0行目)．なお，ここでは，文字であることを強調するために，文字を引用符「'」で囲んでいる．
　表2.6に示す英字や数字のコードは，覚えておくと役に立つことがあるかもしれない．

表 2.6　JIS コード表

|  |  | 上位 4 ビット | | | | | | | | | | | | | | | |
|---|---|---|---|---|---|---|---|---|---|---|---|---|---|---|---|---|---|
|  |  | 0 | 1 | 2 | 3 | 4 | 5 | 6 | 7 | 8 | 9 | A | B | C | D | E | F |
| 下位4ビット | 0 |  |  |  | 0 | @ | P |  | p |  |  |  | 一 | タ | ミ |  |  |
| | 1 |  |  | ! | 1 | A | Q | a | q |  |  | 。 | ア | チ | ム |  |  |
| | 2 |  |  | " | 2 | B | R | b | r |  |  | 「 | イ | ツ | メ |  |  |
| | 3 |  |  | # | 3 | C | S | c | s |  |  | 」 | ウ | テ | モ |  |  |
| | 4 |  |  | $ | 4 | D | T | d | t |  |  | 、 | エ | ト | ヤ |  |  |
| | 5 |  |  | % | 5 | E | U | e | u |  |  | ・ | オ | ナ | ユ |  |  |
| | 6 |  |  | & | 6 | F | V | f | v |  |  | ヲ | カ | ニ | ヨ |  |  |
| | 7 |  |  | ' | 7 | G | W | g | w |  |  | ァ | キ | ヌ | ラ |  |  |
| | 8 |  |  | ( | 8 | H | X | h | x |  |  | ィ | ク | ネ | リ |  |  |
| | 9 |  |  | ) | 9 | I | Y | i | y |  |  | ゥ | ケ | ノ | ル |  |  |
| | A |  |  | * | : | J | Z | j | z |  |  | ェ | コ | ハ | レ |  |  |
| | B |  |  | + | ; | K | [ | k | { |  |  | ォ | サ | ヒ | ロ |  |  |
| | C |  |  | , | < | L | ¥ | l | \| |  |  | ャ | シ | フ | ワ |  |  |
| | D |  |  | - | = | M | ] | m | } |  |  | ュ | ス | ヘ | ン |  |  |
| | E |  |  | . | > | N | ^ | n | ‾ |  |  | ョ | セ | ホ | ゜ |  |  |
| | F |  |  | / | ? | O | _ | o |  |  |  | ッ | ソ | マ | ゛ |  |  |

---

例題 2.13

以下に示す文字の JIS コードを 10 進表現しなさい．

　　1)　'5'　　　　2)　'G'

【解説】　表 2.6 を利用して 16 進表現を求め，さらに，それを 10 進変換すればよい．なお，16 進数の重みは $16^n$ である．

【解答】　1)　'5' = $(35)_{16}$ = $3×16+5$ = 53

　　　　2)　'G' = $(47)_{16}$ = $4×16+7$ = 71

問 2.13　以下の計算により，どのような文字が得られるか．

　　1)　'0' + 8　　　　　　2)　'a' + 6　　　　　　3)　'+' − 1

## 2.7 2進化10進数

10進数には0～9の10個の数字がある.これらひとつひとつを2進数で表すことにすると,4ビット必要になる.10進数の数字を4ビットで表したものをBCDコード (Binary Coded Decimal) という(表2.7).

2進化10進数とは,BCDコードを用いて10進数を表したもので,パック形式とアンパック形式の2種類がある.2進化10進数は,事務処理用プログラム言語COBOLなどで利用されている.

表2.7 BCDコード

| 10進数1桁 | BCDコード |
|---|---|
| 0 | 0 0 0 0 |
| 1 | 0 0 0 1 |
| 2 | 0 0 1 0 |
| 3 | 0 0 1 1 |
| 4 | 0 1 0 0 |
| 5 | 0 1 0 1 |
| 6 | 0 1 1 0 |
| 7 | 0 1 1 1 |
| 8 | 1 0 0 0 |
| 9 | 1 0 0 1 |

### 7.A) パック形式

パック形式とは,図2.10のように,各桁としてBCDコードを用い,最後に符号を付けた10進数表現のことである.符号も,以下のように,4ビットで表す.

$$+ \cdots (1100)_2 = (C)_{16} \qquad - \cdots (1101)_2 = (D)_{16}$$

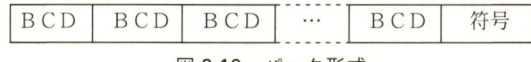

図2.10 パック形式

---
**例題 2.14**

以下の10進数をパック形式で表し,さらに16進表現しなさい.
1) +82　　　2) −245

---

【解説】 各桁をBCDコードで表せばよい.ただし,最後に符号を忘れないこと.

【解答】 1) $8 = (1000)_2$, $2 = (0010)_2$, $+ = (1100)_2$ より,
$\quad +82 = (1000\ 0010\ 1100)_2 = (82C)_{16}$

2) $2 = (0010)_2$, $4 = (0100)_2$, $5 = (0101)_2$, $- = (1101)_2$ より
$\quad -245 = (0010\ 0100\ 0101\ 1101)_2 = (245D)_{16}$

問 2.14　以下の 10 進数をパック形式で表し，さらに 16 進表現しなさい．
  1）　+1230　　　　　　2）　−950

## 7.B) アンパック形式

　アンパック形式では，10 進数の 1 桁を表すのに，8 ビット (1 バイト) 使用する．すなわち，BCD コードの前に，ゾーンと呼ばれる 4 ビットを付加する．したがって，アンパック形式のことをゾーン形式ともいう．ゾーンとしては，一般に

$$(0011)_2 = (3)_{16}$$

が用いられる．ただし，最後の桁のゾーン部には符号の 4 ビットが来る (表 2.8, 図 2.11 参照).

表 2.8　アンパック形式

| 10 進数 1 桁 | アンパック形式 |
|---|---|
| 0 | $(0011\ 0000)_2 = (30)_{16}$ |
| 1 | $(0011\ 0001)_2 = (31)_{16}$ |
| 2 | $(0011\ 0010)_2 = (32)_{16}$ |
| 3 | $(0011\ 0011)_2 = (33)_{16}$ |
| 4 | $(0011\ 0100)_2 = (34)_{16}$ |
| 5 | $(0011\ 0101)_2 = (35)_{16}$ |
| 6 | $(0011\ 0110)_2 = (36)_{16}$ |
| 7 | $(0011\ 0111)_2 = (37)_{16}$ |
| 8 | $(0011\ 1000)_2 = (38)_{16}$ |
| 9 | $(0011\ 1001)_2 = (39)_{16}$ |

　実は，アンパック形式とは，数字の JIS コードをそのまま使用している 10 進数表現である．

| ゾーン | BCD | ゾーン | BCD | ⋯ | 符号 | BCD |
|---|---|---|---|---|---|---|

図 2.11　アンパック形式

---
**例題 2.15**

以下の 10 進数をアンパック形式で表し，さらに 16 進表現しなさい．
  1）　+82　　　　　　2）　−245

---

【解説】　今度は，ゾーン部を付けて 10 進数 1 桁を表す．ゾーン部としては，最後の桁以外は $(0011)_2$，最後の桁では符号が来る．符号はプラスのときは $(1100)_2$，マイナスのときは $(1101)_2$ である．

【解答】　1)　$8 = (0011\ 1000)_2$, $2 = (0011\ 0010)_2$, $+ = (1100)_2$ より，
　　　　　$+82 = (0011\ 1000\ 1100\ 0010)_2 = (38C2)_{16}$
　　　　2)　$2 = (0011\ 0010)_2$, $4 = (0011\ 0100)_2$, $5 = (0011\ 0101)_2$,
　　　　　$- = (1101)_2$ より
　　　　　$-245 = (0011\ 0010\ 0011\ 0100\ 1101\ 0101)_2 = (3234D5)_{16}$

問 2.15　以下の 10 進数をアンパック形式で表し，さらに 16 進表現しなさい．
　　1)　+1230　　　　　　2)　−950

なお，アンパック形式では，10 進数一桁を 1 バイトで表すので，$n$ 桁の 10 進数を表すのに $n$ バイト必要である．一方，パック形式では，その約半分で済む．

## 2.8　既往問題

---
**例題 2.16**

2 進数の 1.1011 と 1.1101 を加算した結果を 10 進数で表したものはどれか．
　　ア　3.1　　　　イ　3.375　　　　ウ　3.5　　　　エ　3.8

---

【解説】　2 進加算をおこない，結果 (11.1) を 10 進表現すればよい．
　　　　あるいは $(1.1011)_2 = 1.6875$，$(1.1101)_2 = 1.8125$ と 10 進変換したのち加算してもよい．

【解答】　ウ

---
**例題 2.17**

4 ビットの 2 進数 1010 の 1 の補数と 2 の補数の組み合わせはどれか．

|   | 1 の補数 | 2 の補数 |
|---|---|---|
| ア | 0101 | 0110 |
| イ | 0101 | 1001 |
| ウ | 1010 | 0110 |
| エ | 1010 | 1001 |

---

【解説】　1 の補数は 0 と 1 を反転させたもの (0101)，2 の補数はそれに 1 加えたもの (0110) である．

【解答】　ア

---
**例題 2.18**

浮動小数点形式で表現される数値の演算において，有効桁数が大きく

減少するものはどれか.
　ア　絶対値がほぼ等しく，同符号である数値の加算
　イ　絶対値がほぼ等しく，同符号である数値の減算
　ウ　絶対値の大きな数と絶対値の小さな数との絶対値による加算
　エ　絶対値の大きな数と絶対値の小さな数との絶対値による減算

【解説】　これは，桁落ちと呼ばれる現象で，絶対値がほぼ等しい同符号の数値を減算する場合に生じる.

【解答】　イ

―― 例題 2.19 ――

16進数 0.75 と等しいものはどれか.
　ア　$2^{-2}+2^{-5}+2^{-7}+2^{-8}$　　　　イ　$2^{-2}+2^{-3}+2^{-4}+2^{-6}+2^{-8}$
　ウ　$2^{-1}+2^{-2}$　　　　　　　　　　エ　$2^{-1}+2^{-2}+2^{-3}+2^{-4}+2^{-6}$

【解説】16進数 0.75 を 2 進数に変換してみるとよい．$(0.75)_{16} = (0.0111\ 0101)_2$
$= 2^{-2}+2^{-3}+2^{-4}+2^{-6}+2^{-8}$ である．なお，10 進数の 0.75 ではないので注意しよう.

【解答】　イ

―― 例題 2.20 ――

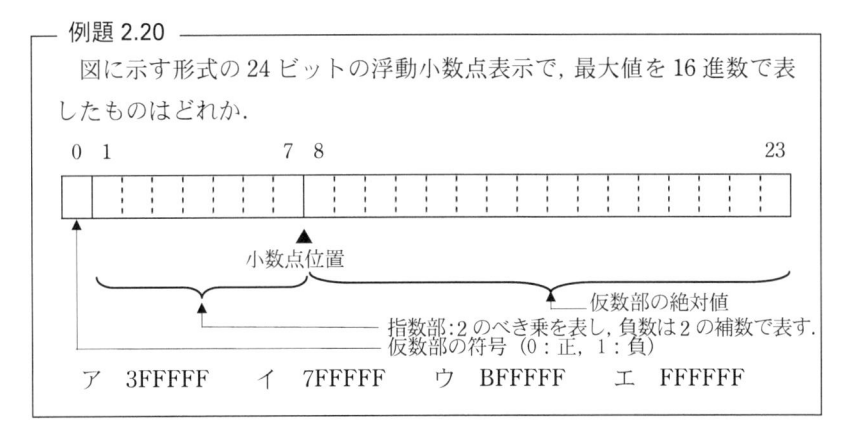

図に示す形式の 24 ビットの浮動小数点表示で，最大値を 16 進数で表したものはどれか.

```
 0 1              7 8                          23
┌─┬──────┬─────────────────┐
│ │      │                 │
└─┴──────┴─────────────────┘
```
　　　　　　小数点位置
　　　　　　　　　　　　　　　　　　仮数部の絶対値
　　　　　　　　　　　指数部:2のべき乗を表し，負数は2の補数で表す．
　　　　　　　　　　　仮数部の符号（0：正，1：負）
　ア　3FFFFF　　イ　7FFFFF　　ウ　BFFFFF　　エ　FFFFFF

【解説】　上図の表現の場合，最大値の仮数部は $+(0.FFFF)_{16}$ であり，指数部は $2^6-1=63=(0111111)_2$ である．したがって，全体としては

(0 0111111 1111 1111 1111 1111)$_2$ = (3FFFFF)$_{16}$ となる．

【解答】 ア

---

**例題 2.21**

負数を 2 の補数で表す 16 ビットの符号付き固定小数点方式で，絶対値が最大である数値を 16 進数として表したものはどれか．

ア 7FFF　　　イ 8000　　　ウ 8001　　　エ FFFF

---

【解説】 16 ビットの場合，絶対値が最大となるのは $-32768 = (8000)_{16}$ である（表 2.5 参照）．

【解答】 イ

---

**例題 2.22**

数多くの数値の加算をおこなう場合，絶対値の小さなものから順番に計算するとよい．これはどの誤差を抑制する方法を述べたものか．

ア アンダフロー　イ 打ち切り誤差　ウ 桁落ち　エ 情報落ち

---

【解説】 絶対値が極端に違う数値同士を加減算すると，絶対値の小さな数値の方が無視されてしまうことがある．これが情報落ちである．

【解答】 エ

---

**例題 2.23**

10 進数の 0.6875 を 2 進数で表したものはどれか．

ア 0.1001　　　イ 0.1011　　　ウ 0.1101　　　エ 0.1111

---

【解説】 10 進 2 進変換を行えばよい．

【解答】 イ

---

**例題 2.24**

浮動小数点演算において，絶対値の大きな数と絶対値の小さな数の加減算をおこなったとき，絶対値の小さな数の有効桁の一部又は全部が結果に反映されないことを何というか．

ア 打ち切り誤差　　イ 桁落ち　　ウ 情報落ち　　エ 絶対誤差

---

【解説】 例題 2.20 を参照せよ．

【解答】 ウ

---
**例題 2.25**

2進の浮動小数点表示で誤差を含まずに表現できる10進数はどれか．
　ア　0.2　　　イ　0.3　　　ウ　0.4　　　エ　0.5

---

【解説】それぞれに対し2進10進変換してみてもよいが，$0.5 = (0.1)_2$ ぐらいは覚えておくとよい．その他の数値はすべて無限小数となる．

【解答】 エ

---
**例題 2.26**

ゼロでない整数の10進表示の桁数 $D$ と2進表示の桁数 $B$ との関係を表す式はどれか．
　ア　$D \fallingdotseq 2\log_{10} B$　　　　　イ　$D \fallingdotseq 10\log_2 B$
　ウ　$D \fallingdotseq B\log_2 10$　　　　　エ　$D \fallingdotseq B\log_{10} 2$

---

【解説】10進数 $D$ 桁の最大値は $10^D - 1$，2進数 $B$ 桁の最大値は $2^B - 1$ なので，$10^D - 1 \fallingdotseq 2^B - 1$　すなわち，$10^D \fallingdotseq 2^B$ となる．

したがって，対数をとると，$D \fallingdotseq B\log_{10} 2$ が得られる．

【解答】 エ

---
**例題 2.27**

$n$ ビットのすべてが1である2進数 "1111…111" が表す数値又はその数式はどれか
　ア　$-(2^{n-1}-1)$　　イ　$-1$　　ウ　$0$　　エ　$2^n-1$

---

【解説】 $n=16$ として考えてみればよい．$(1111\ 1111\ 1111\ 1111)_2$ であるから，表2.5より，この値は $-1$ である．

【解答】 イ

### 例題 2.28

コンピュータを使用して整数の加減算をおこなう場合, あふれ(オーバフロー)に留意する必要がある. あふれの可能性がある演算をすべて列記したものはどれか.

|   | 演算 | オペランド$x$ | オペランド$y$ |
|---|---|---|---|
| a | $x+y$ | 正 | 正 |
| b | $x+y$ | 正 | 負 |
| c | $x+y$ | 負 | 正 |
| d | $x+y$ | 負 | 負 |
| e | $x-y$ | 正 | 正 |
| f | $x-y$ | 正 | 負 |
| g | $x-y$ | 負 | 正 |
| h | $x-y$ | 負 | 負 |

ア　a, d, f, g
イ　b, c, e, h
ウ　b, e
エ　c, e, h

【解説】　あふれ(オーバフロー)とは, 算術演算によって, 所定のビット数を超えた結果となることをいう. これは, 正数同士の加算, 負数同士の加算, 異符号での減算により生じることがある.

【解答】　ア

### 例題 2.29

次の表は JIS コード表の一部である. 二つの文字"A"と"2"をこの順に JIS コードで表したものはどれか.

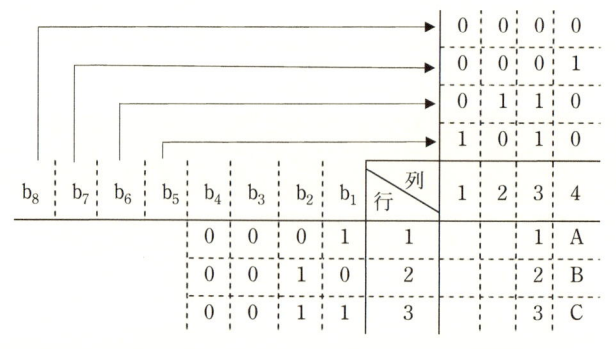

|  |  |  |  |  |  | 列\行 | 1 | 2 | 3 | 4 |
|---|---|---|---|---|---|---|---|---|---|---|
| $b_8$ | $b_7$ | $b_6$ | $b_5$ | $b_4$ | $b_3$ | $b_2$ | $b_1$ |  |  |  |

(列ヘッダのビット: 0000, 0001, 0110, 1010)

|  |  |  |  | 0 | 0 | 0 | 1 | 1 |   | 1 | A |
|---|---|---|---|---|---|---|---|---|---|---|---|
|  |  |  |  | 0 | 0 | 1 | 0 | 2 |   | 2 | B |
|  |  |  |  | 0 | 0 | 1 | 1 | 3 |   | 3 | C |

ア　00010100　00100011
イ　00110010　01000001
ウ　01000001　00110010
エ　01000010　00110010

【解説】　コード表から"A"=$(41)_{16}$=$(0100\ 0001)_2$, "2"=$(32)_{16}$

$= (0011\ 0010)_2$ であることがわかる.

【解答】 ウ

---
**例題 2.30**

16進数の小数 0.248 を 10 進数の分数で表したものはどれか.

ア $\dfrac{31}{32}$　　イ $\dfrac{31}{125}$　　ウ $\dfrac{31}{512}$　　エ $\dfrac{73}{512}$

---

【解説】 $(0.248)_{16} = 2 \times 16^{-1} + 4 \times 16^{-2} + 8 \times 16^{-3} = \dfrac{2}{16} + \dfrac{4}{16^2} + \dfrac{8}{16^3}$

$= \dfrac{2 \times 32 + 4 \times 2 + 1}{512} = \dfrac{73}{512}$ となる.

【解答】 エ

---
**例題 2.31**

数値の部分が6けたの符号付き10進数を,パック10進表記法で表すと,必要なバイト数はいくらか.

ア 3　　イ 4　　ウ 6　　エ 7

---

【解説】 パック形式では数字も符号も4ビットで表すので,題意の数値の場合 $(6+1) \times 4 = 28$ ビットとなる.したがって,4バイト必要である.

【解答】 イ

---
**例題 2.32**

正の整数 $n$ がある. $n$ を5進数として表現すると,左側の数字が2である2桁の数となる.また,$n$ を3進数として表現すると,1の位の数字は0となる.$n$ を10進数として表したものはどれか.

ア 12　　イ 17　　ウ 22　　エ 27

---

【解説】 $n$ を5進数で表したときの,1の位の数を $x$ とすると,

$n = (2x)_5 = 2 \times 5 + x = 10 + x$ であり,$0 \leq x \leq 4$ なので,$10 \leq n \leq 14$ となる.

一方,$n$ を3進数で表したとき,1の位の数字が0であることから,$n$ は3の倍数である.したがって,$n = 12$ となる.

## 【解答】 ア

---
**例題 2.33**

次の計算は何進法で成立するか．
　　　　$131-45=53$

ア　6　　　　　イ　7　　　　　ウ　8　　　　　エ　9

---

【解説】　答を $n$ 進数であるとする．与えられた式の 1 の位だけを考えてみると，1-5 となっているので，上から 1 借りてきて $(11)_n - 5 = 3$ という計算をしていることになる．一方，$(11)_n = 1 \times n^1 + 1 \times n^0 = n+1$ なので，$(n+1) - 5 = 3$ となる．これを解くと，$n = 7$ が得られる．

【解答】　イ

### 第 2 章のまとめ

1) 整数表現において，負数は ⬚ a) ⬚ で表すのが普通である．これは ⬚ b) ⬚ に 1 加えると得られる．
2) 実数表現 $M \times 16^e$ において，$M$ を ⬚ c) ⬚ という．これが 24 ビットのとき，10 進表現での有効桁数は，約 ⬚ d) ⬚ 桁である．
3) JIS コードでは，'A' + 1 という計算によって，文字 ⬚ e) ⬚ が得られる．
4) 10 進数 +100 をパック形式で表すと，16 進表現では ⬚ f) ⬚ となる．

### 復習問題 2

1　以下の 10 進数を 2 進数と 16 進数で表しなさい．
　　1)　250.5　　　　2)　0.03125

2　以下の 10 進数を 16 ビットの固定小数点で表し，さらに，16 進表現しなさい．ただし，負数は 2 の補数で表す．
　　1)　+2048　　　　2)　-40

3　以下の 10 進数を 32 ビットの浮動小数点で表し，さらに，16 進表現しなさい．
　　1)　+0.01　　　　2)　-3.14

4 自分の氏名をローマ字で表し，それを JIS コードに変換しなさい．
5 以下の 10 進数をパック形式，アンパック形式で表しなさい．
　　1)　＋2004　　　　2)　－2004

# 第3章　論理演算と論理回路

> この章では，コンピュータにおいて最も基本となる論理演算と，それを実現する論理回路，さらに，論理回路と算術回路の関係について解説する．2進数や16進数も使用するので，前章を十分に理解してから本章に進んで欲しい．

## 3.1　論理演算子

　我々にとっては算術演算が基本であり，それらを用いて，$x+y>5$ のような条件を表す．条件は正しい(真であるという)か，間違っている(偽であるという)かのいずれかである．また，条件は「かつ」や「または」などの論理演算子を用いて複合化することができる．

　　　【注】真や偽のことを**真理値**という．

　一方，コンピュータにおいては，後で述べるように算術演算よりも論理演算の方が基本なのである．したがって，コンピュータを理解するためには，まず論理演算について理解しておかなければならない．基本となる論理演算としては，否定，論理積，論理和，排他的論理和などがある．

　以下では 1 ビットの論理演算について解説する．「真である」を 1 で，「偽である」を 0 で表していると考えればよい．この 1 ビットの値を**論理値**という．

### 1.A)　否定

　否定（NOT）は，0 と 1 を反転する演算子である．論理変数を $X$ とするとき，$X$ の否定は $\overline{X}$ と表す．すなわち，$X = 0$ のとき $\overline{X} = 1$，$X = 1$ のとき $\overline{X} = 0$ となる．これを表にすると，表3.1のようになる．

表3.1　否定

| $X$ | $\overline{X}$ |
|---|---|
| 0 | 1 |
| 1 | 0 |

　　　【注1】　$\overline{X}$ は「ノット $X$」と読む．
　　　【注2】　テキストによっては，$X$ の否定を $\sim X$ や $\neg X$ と表しているものもある．

## 1.B) 論理積

論理積(AND)は,「かつ」を表す論理演算子である.2つの論理変数を $X$, $Y$ とするとき, $X$ と $Y$ の論理積は $X \cdot Y$ と表す($X$ AND $Y$ と表すこともある).

$X \cdot Y$ の値は, $X$ と $Y$ が共に1のときは1,どちらかが0のときは0となる.これを表にすると,表3.2のようになる.

表 3.2 論理積

| $X$ | $Y$ | $X \cdot Y$ |
|---|---|---|
| 0 | 0 | 0 |
| 0 | 1 | 0 |
| 1 | 0 | 0 |
| 1 | 1 | 1 |

【注1】 $X \cdot Y$ は「$X$ かつ $Y$」または「$X$ アンド $Y$」と読む.
【注2】 テキストによっては, $X$ と $Y$ の論理積を $X \wedge Y$ や $X \cap Y$ と表しているものもある.
【注3】 論理積は算術演算の積と考えてもよい.

## 1.C) 論理和

論理和(OR)は,「または」を表す論理演算子である.2つの論理変数を $X$, $Y$ とするとき, $X$ と $Y$ の論理和は $X+Y$ と表す($X$ OR $Y$ と表すこともある).

$X+Y$ の値は, $X$ と $Y$ の少なくとも一方が1のときは1,どちらも0のときは0となる.これを表にすると,表3.3のようになる.

表 3.3 論理和

| $X$ | $Y$ | $X+Y$ |
|---|---|---|
| 0 | 0 | 0 |
| 0 | 1 | 1 |
| 1 | 0 | 1 |
| 1 | 1 | 1 |

【注1】 $X+Y$ は「$X$ または $Y$」または「$X$ オア $Y$」と読む.
【注2】 テキストによっては, $X$ と $Y$ の論理和を $X \vee Y$ や $X \cup Y$ と表しているものもある.
【注3】 論理和の $X+Y$ は,算術演算の加算とは異なる.

## 1.D) 排他的論理和

排他的論理和(exclusive OR ; XOR)は論理和の一種であるが,排他的という修飾語があるように,共に1であってはならない.

2つの論理変数を $X$, $Y$ とするとき, $X$ と $Y$ の論理和は $X \oplus Y$ と表す($X$ XOR $Y$ と表すこともある). $X \oplus Y$ の値は, $X$ と $Y$ の値が異なるときは1,等しいときは0となる.これを表にすると,表3.4のようになる.

表 3.4 排他的論理和

| $X$ | $Y$ | $X \oplus Y$ |
|---|---|---|
| 0 | 0 | 0 |
| 0 | 1 | 1 |
| 1 | 0 | 1 |
| 1 | 1 | 0 |

【注】 排他的論理和は, $X$ と $Y$ の算術加算における1桁目として用いられる.

---
**例題 3.1**

$X = 1$, $Y = 0$ のとき，以下の値を求めなさい．
　　1)　$X \cdot Y$　　　　2)　$X + Y$　　　　3)　$X \oplus Y$

---

【解説】　$X = 1$, $Y = 0$ なので，表 3.2〜表 3.4 の 3 行目を見ればよい．
【解答】　1) 0　　　2) 1　　　3) 1

問 3.1　$X = 1$, $Y = 1$ のとき，以下の値を求めなさい．
　　1)　$X \cdot Y$　　　　2)　$X + Y$　　　　3)　$X \oplus Y$

## 3.2　論理式と真理値表

### 2.A)　論理式

　論理変数や論理演算子は複数組み合わせることができる．そうして得られた式を**論理式**という．例えば，$X$, $Y$, $Z$ を論理変数とするとき，

$$X, \quad X \cdot Y, \quad (X+Y) \cdot Z, \quad X+(Y \cdot \overline{Z})$$

などは論理式である．

　論理式の中に複数の論理演算子が含まれているときは，括弧を用いて演算順位を明確にする．もっとも，一般には，論理積の方が論理和より優先順位が高いとみなされているので，誤解が生じない限り括弧を省略できる場合もある．

　例えば，論理式 $X + Y \cdot Z$ は $X + (Y \cdot Z)$ の意味であり，$(X+Y) \cdot Z$ と解釈されることはない．

　各論理変数は 0 か 1 という論理値を持つので，演算順位にしたがって，論理式の論理値を計算することができる．

　例えば，$X = 1$, $Y = 0$, $Z = 1$ のとき，論理式 $X + Y \cdot \overline{Z}$ の値は，
　　　　与式 $= 1 + 0 \cdot \overline{1} = 1 + 0 \cdot 0 = 1 + 0 = 1$
となる．

──  例題 3.2  ──

$X=0$, $Y=1$, $Z=1$ のとき，以下の論理式の値を求めなさい．
　　1)　$X+\overline{Y}$　　　　2)　$\overline{X} \cdot Y+Z$　　　　3)　$\overline{X+Y}+Z$

【解説】　論理演算子の演算順位に注意して計算すればよい．各論理演算子の計算には表3.1～表3.4を用いる．

【解答】　1)　与式 $= 0+\overline{1} = 0+0 = 0$
　　　　2)　与式 $= \overline{0} \cdot 1+1 = 1 \cdot 1+1 = 1+1 = 1$
　　　　3)　与式 $= \overline{0+1}+1 = \overline{1}+1 = 0+1 = 1$

問 3.2　$X=1$, $Y=0$, $Z=0$ のとき，以下の論理式の値を求めなさい．
　　1)　$X+\overline{Y}$　　　　2)　$\overline{X} \cdot Y+Z$　　　　3)　$\overline{X+Y}+Z$

## 2.B)　真理値表

論理式には複数の論理変数が含まれている．したがって，論理式の値は各論理変数がどのような論理値をとるかに依存する．

一般に，$n$ 種類の論理変数を持つ論理式では，各論理変数が 0 を持つか 1 を持つかの 2 通りがあるので，全体として $2^n$ 通りのパターンがあることになる．

例えば，論理式 $\overline{X} \cdot Y+Z$ には 3 種類の論理変数があるので，$2^3 = 8$ 通りのパターンがある．

各論理変数の値によって論理式がどのような値をとるかを表としてまとめたものを**真理値表**という．1 行に一つのパターンを記述するので，論理変数を $n$ 種類含んでいる論理変数の真理値表は $2^n$ 行になる．

──  例題 3.3  ──

以下の論理式の真理値表を作成しなさい．
　　1)　$X+\overline{X}$　　　　2)　$X \cdot \overline{Y}$　　　　3)　$X \cdot (\overline{Y}+Z)$

【解説】　1)では論理変数が 1 種類だけなので $2^1 = 2$ 行である．2)では 2 種類の論理変数を含んでいるので $2^2 = 4$ 行となる．3)では $2^3 = 8$ 行である．

真理値表は上に論理式欄を置き，下に値欄を置く．その作成手順は

次の通りである.

<論理式欄>
① 論理変数をすべて左側に順に書く.
② 演算順位にしたがって，計算の対象となる部分的な論理式を右側に順に記述する.

<値欄>
① 各論理変数の値のパターンを，規則的になるように記述する.
② パターン毎に部分的な論理式の値を計算し，記入する.

【解答】

1)
| $X$ | $\overline{X}$ | $X+\overline{X}$ |
|---|---|---|
| 0 | 1 | 1 |
| 1 | 0 | 1 |

2)
| $X$ | $Y$ | $\overline{Y}$ | $X\cdot\overline{Y}$ |
|---|---|---|---|
| 0 | 0 | 1 | 0 |
| 0 | 1 | 0 | 0 |
| 1 | 0 | 1 | 1 |
| 1 | 1 | 0 | 0 |

3)
| $X$ | $Y$ | $Z$ | $\overline{Y}$ | $\overline{Y}+Z$ | $X\cdot(\overline{Y}+Z)$ |
|---|---|---|---|---|---|
| 0 | 0 | 0 | 1 | 1 | 0 |
| 0 | 0 | 1 | 1 | 1 | 0 |
| 0 | 1 | 0 | 0 | 0 | 0 |
| 0 | 1 | 1 | 0 | 1 | 0 |
| 1 | 0 | 0 | 1 | 1 | 1 |
| 1 | 0 | 1 | 1 | 1 | 1 |
| 1 | 1 | 0 | 0 | 0 | 0 |
| 1 | 1 | 1 | 0 | 1 | 1 |

問 3.3 次の論理式の真理値表を作成しなさい.
1) $(X+Y)\cdot\overline{X}$   2) $X\cdot Y+X\cdot\overline{Y}$   3) $(X+\overline{Y})\cdot Z$

---
**例題 3.4**

右のような論理値を持つ論理式を求めなさい.

| $X$ | $Y$ | 結果 |
|---|---|---|
| 0 | 0 | 1 |
| 0 | 1 | 0 |
| 1 | 0 | 0 |
| 1 | 1 | 1 |

---

【解説】 ここでは，$X$, $Y$ と論理演算子を組み合わせて 1 つの論理式を作ることが要請されている．このような問題では，結果が 1 となる行に着目すればよい．上の表では，1 行目と 4 行目である．その行の論理変数を論理積で結合する．ただし，論理変数が 1 のときはその論理変数そのもの，0 のときはその否定を結合する．

したがって，1 行目は $\overline{X} \cdot \overline{Y}$，4 行目は $X \cdot Y$ となる．最後に，これらを論理和でつなぐと，求める論理式が得られる．

【解答】　$\overline{X} \cdot \overline{Y} + X \cdot Y$

　　　【注】真理値表を作成して，解答が正しいことを確認してみるとよい．

問 3.4　次のような論理値を持つ論理式を求めなさい．

1)

| $X$ | $Y$ | 結果 |
|---|---|---|
| 0 | 0 | 1 |
| 0 | 1 | 1 |
| 1 | 0 | 1 |
| 1 | 1 | 0 |

2)

| $X$ | $Y$ | 結果 |
|---|---|---|
| 0 | 0 | 0 |
| 0 | 1 | 1 |
| 1 | 0 | 1 |
| 1 | 1 | 0 |

## 2.C)　論理演算の公式

　論理演算には，図 3.1 に示すような公式が成立する．いずれも重要なものばかりであり，覚えておくとよい．一部は後で使用する．

　なお，各法則の左辺と右辺が等しいことは，両者の真理値表を作成して調べることができる．

| | | | | |
|---|---|---|---|---|
| 1 | 交換法則 | a) $X+Y=Y+X$ | b) $X \cdot Y = Y \cdot X$ | |
| 2 | 結合法則 | a) $(X+Y)+Z=X+(Y+Z)=X+Y+Z$ | b) $(X \cdot Y) \cdot Z = X \cdot (Y \cdot Z) = X \cdot Y \cdot Z$ | |
| 3 | 分配法則 | a) $X+Y \cdot Z = (X+Y) \cdot (X+Z)$ | b) $X \cdot (Y+Z) = X \cdot Y + X \cdot Z$ | |
| 4 | | a) $X + \overline{X} = 1$ | b) $X \cdot \overline{X} = 0$ | c) $X \oplus \overline{X} = 1$ |
| 5 | | a) $X + 0 = X$ | b) $X \cdot 0 = 0$ | c) $X \oplus 0 = X$ |
| 6 | | a) $X + 1 = 1$ | b) $X \cdot 1 = X$ | c) $X \oplus 1 = \overline{X}$ |
| 7 | | a) $X + X = X$ | b) $X \cdot X = X$ | c) $X \oplus X = 0$ |
| 8 | 二重否定 | $\overline{\overline{X}} = X$ | | |
| 9 | ド・モルガンの法則 | a) $\overline{X+Y} = \overline{X} \cdot \overline{Y}$ | b) $\overline{X \cdot Y} = \overline{X} + \overline{Y}$ | |

図 3.1　論理演算の公式

―― 例題 3.5 ――――――――――――――――――――

　分配法則 $X \cdot (Y+Z) = X \cdot Y + X \cdot Z$ が成立することを真理値表で確かめなさい．

【解説】　左辺 $X \cdot (Y+Z)$ と右辺 $X \cdot Y + X \cdot Z$ のそれぞれについて真理値表を作成し，その結果が全く同じになることを確かめればよい．

【解答】　次の表より，左辺と右辺はすべてのパターンにおいて等しいことがわかる．したがって，等号が成立する．

| X | Y | Z | Y+Z | X·(Y+Z) |
|---|---|---|-----|---------|
| 0 | 0 | 0 | 0   | 0       |
| 0 | 0 | 1 | 1   | 0       |
| 0 | 1 | 0 | 1   | 0       |
| 0 | 1 | 1 | 1   | 0       |
| 1 | 0 | 0 | 0   | 0       |
| 1 | 0 | 1 | 1   | 1       |
| 1 | 1 | 0 | 1   | 1       |
| 1 | 1 | 1 | 1   | 1       |

| X | Y | Z | X·Y | X·Z | X·Y+X·Z |
|---|---|---|-----|-----|---------|
| 0 | 0 | 0 | 0   | 0   | 0       |
| 0 | 0 | 1 | 0   | 0   | 0       |
| 0 | 1 | 0 | 0   | 0   | 0       |
| 0 | 1 | 1 | 0   | 0   | 0       |
| 1 | 0 | 0 | 0   | 0   | 0       |
| 1 | 0 | 1 | 0   | 1   | 1       |
| 1 | 1 | 0 | 1   | 0   | 1       |
| 1 | 1 | 1 | 1   | 1   | 1       |

問 3.5 ド・モルガンの法則 $\overline{X+Y} = \overline{X} \cdot \overline{Y}$ が成立することを確かめなさい.

## 3.3 ビット毎の論理演算

コンピュータの内部では，8 ビットや 16 ビットで論理演算がおこなわれるが，基本は 1 ビットの論理演算である．

以下では，16 ビットを用いることにする．なお，算術演算と混同しないように，論理演算子は記号ではなく英字で示す．

---
**例題 3.6**

以下の論理演算を行い，結果を 16 進表現しなさい．

1) $(0000\ 1111\ 0101\ 0011)_2$ AND $(1010\ 1100\ 0000\ 1111)_2$
2) $(0000\ 1111\ 0101\ 0011)_2$ OR $(1010\ 1100\ 0000\ 1111)_2$
3) $(0000\ 1111\ 0101\ 0011)_2$ XOR $(1010\ 1100\ 0000\ 1111)_2$

---

【解説】 桁をそろえ，1 ビットの論理演算を 16 桁おこなえばよい．筆算形式にすると計算しやすい．

【解答】
1) $(0000\ 1111\ 0101\ 0011)_2$
   AND $(1010\ 1100\ 0000\ 1111)_2$
   $(0000\ 1100\ 0000\ 0011)_2 = (0C03)_{16}$

2) $(0000\ 1111\ 0101\ 0011)_2$
   OR $(1010\ 1100\ 0000\ 1111)_2$
   $(1010\ 1111\ 0101\ 1111)_2 = (AF5F)_{16}$

3) $(0000\ 1111\ 0101\ 0011)_2$
   XOR $(1010\ 1100\ 0000\ 1111)_2$
   $(1010\ 0011\ 0101\ 1100)_2 = (A35C)_{16}$

問 3.6 次の論理演算を行い，結果を 16 進表現しなさい．

1) $(0101\ 1010\ 1100\ 0011)_2$ AND $(1100\ 0101\ 1111\ 1011)_2$
2) $(0101\ 1010\ 1100\ 0011)_2$ OR $(1100\ 0101\ 1111\ 1011)_2$
3) $(0101\ 1010\ 1100\ 0011)_2$ XOR $(1100\ 0101\ 1111\ 1011)_2$

---
**例題 3.7**

16 ビットのデータ $X$ がある．このとき，以下の問に答えなさい．
1) データ $X$ の先頭ビットを 0 にし，残りの 15 ビットは元のままにしたい．どのようなビットパターンのデータとどのような演算をすればよいか．
2) データ $X$ の先頭ビットを 1 にし，残りの 15 ビットは元のままにしたい．どのようなビットパターンのデータとどのような演算をすればよいか．
3) 否定の演算子を使わずに，データ $X$ のビットを反転したい（1 の補数を得たい）．どのようなビットパターンのデータとどのような演算をすればよいか

---

【解説】 先頭ビットを A，残りの 15 ビットを B とする．

1) そのとき，右図のような演算を行いたいわけである．

図 3.1 の公式を用いると，ビットを強制的に 0 にするには，0 と論理積をとればよい $(x \cdot 0 = 0)$．また，$x \cdot 1 = x$ であるから，論理積でビットパターンをそのまま残すには，1 と論理積をとればよい．

2) 今度は，右図のような演算をおこないたい．

図 3.1 の公式を用いると，ビットを強制的に 1 にするには，1 と論理和をとればよい $(x+1 = 1)$．また，$x+0 = x$ であるから，論理和でビットパターンをそのまま残すには，0 と論理和をとればよい．

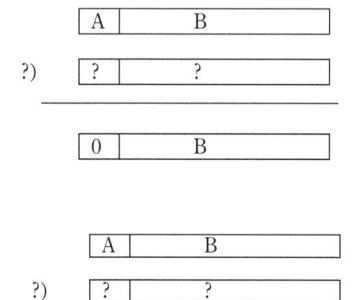

3) 図 3.1 の公式より, $x \oplus 1 = \bar{x}$ ($0 \oplus 1=1$, $1 \oplus 1=0$) であるから,否定の演算子を使わずにビットを反転させるには 1 と排他的論理和をとればよい.

【解答】 1)　(0111 1111 1111 1111)$_2$ = (7FFF)$_{16}$ と論理積をとる.
　　　　2)　(1000 0000 0000 0000)$_2$ = (8000)$_{16}$ と論理和をとる.
　　　　3)　(1111 1111 1111 1111)$_2$ = (FFFF)$_{16}$ と排他的論理和をとる.

問 3.7　16 ビットのデータ $X$ を以下のように変更するには,どのようなデータとどのような演算を行えばよいか.
　　1)　先頭 8 ビットをすべて 0 にし,残り 8 ビットはそのまま残す.
　　2)　先頭 8 ビットをすべて 1 にし,残り 8 ビットはそのまま残す.

## 3.4　シフト

シフトとは桁を移動させることであり,コンピュータでは計算の一部としてよく用いられる.シフトには,**論理シフト**と**算術シフト**の 2 種類がある.さらに,それぞれに対し左にシフトするか右にシフトするかの 2 種類がある.以下では,16 ビットについて説明するが,8 ビットや 32 ビットでも考え方は同じである.

### 4.A)　論理シフト

論理シフトは,単純に右または左に $n$ ビットシフトする.空いた桁には 0 が入り,あふれたビットは無視される.

---
**例題 3.8**

16 ビットのデータ (0010 1110 0000 1101)$_2$ = (2E0D)$_{16}$ を次のように論理シフトし,結果を 16 進表現しなさい.
　　1)　左に 3 ビット論理シフト　　2)　右に 4 ビット論理シフト

---

【解説】 1)　次の図のように,左側に 3 ビットあふれて,右側 3 ビットに 0 が入る.

　　　　001　0111 0000 0110 1 000

2) 次の図のように，右側に 4 ビットあふれて，左側 4 ビットに 0 が入る．

```
0000 0010 1110 0000  1101
```

【解答】 1) $(0111\ 0000\ 0110\ 1000)_2 = (7068)_{16}$
2) $(0000\ 0010\ 1110\ 0000)_2 = (02E0)_{16}$

問 3.8 16 ビットの $(0101\ 1010\ 0011\ 1100)_2 = (5A3C)_{16}$ を次のように論理シフトし，結果を 16 進表現しなさい．

1) 左に 4 ビット論理シフト　　　 2) 右に 8 ビット論理シフト

## 4.B) 算術シフト

算術シフトでは最左端の符号ビットを考慮する．すなわち，符号ビットは動かさず残りの 15 ビットを右または左にシフトする．

左にシフトする場合は，符号ビットを除いた 15 ビットを論理シフトすればよい．その際，あふれたビットは無視され，空いたビットには 0 が入る．一方，右にシフトする場合，空いたビットには，符号ビットが入る．特に，負数の場合，符号ビットは 1 なので，1 が入れられることになる．

---
例題 3.9

16 ビットの $(1111\ 1100\ 0011\ 1100)_2 = (FC3C)_{16}$ を次のように算術シフトし，結果を 16 進表現しなさい．

1) 左に 3 ビット算術シフト　　　 2) 右に 4 ビット算術シフト

---

【解説】 1) 符号ビット以外をシフトする．したがって，下図のように 111 があふれ，右側 3 ビットに 0 が入る．

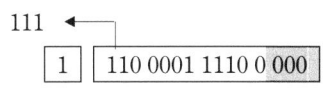

```
111 ←
 1  110 0001 1110 0 000
```

2) 右に算術シフトするので，左側の空いた桁には符号ビット 1 が入る．

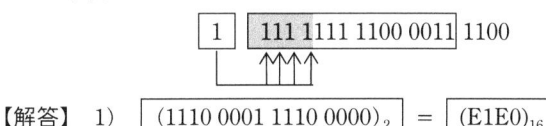

```
 1  111 1111 1100 0011  1100
```

【解答】 1) $(1110\ 0001\ 1110\ 0000)_2 = (E1E0)_{16}$

2) $(1111\ 1111\ 1100\ 0011)_2$ = $(FFC3)_{16}$

**問 3.9** 16 ビットの $(1111\ 1111\ 0101\ 1011)_2$ = $(FF5B)_{16}$ を次のように算術シフトし，結果を 16 進表現しなさい．

1) 左に 6 ビット算術シフト　　2) 右に 3 ビット算術シフト

10 進数の +45 を表すビット列を 3 ビット左にシフトすると，10 進数で +360 となる．これは $2^3=8$ 倍したことになる（$+45×2^3=+45×8=+360$）．

一方，+45 を 2 ビット右にシフトすると，10 進数で +11 が得られる．これは $2^2=4$ で割ったときの商である（$+45÷2^2=+45÷4=11…1$）．

一般に，算術シフトでは，桁あふれがない限り以下のことが成立する．すなわち，

> ● 左に $n$ ビットシフトすると $2^n$ 倍される．
> ● 右に $n$ ビットシフトすると $2^{-n}$ 倍される．もっと正確には，$2^n$ で割ったときの商が得られる．その際，あふれた部分（余り）は無視される．

このことは，論理シフトでは成立しない．

　　【注】　算術シフトでは符号ビットは固定なので，正数をシフトしても結果は正数，負数をシフトしても結果は負数である．

---

**例題 3.10**

+30 を表す 16 ビットのビットパターンに対し以下の問に答えなさい．

1) 左に 3 ビット算術シフトするとどうなるか．
2) 右に 2 ビット算術シフトする場合はどうか．

---

【解説】　1)では $2^3=8$ 倍され，2)では $2^2=4$ で割ったときの商 +7 が得られる．なお，余りの 2 は無視される．

【解答】　1)　$+30×2^3=+30×8=240$　　2)　$+30÷2^2=+30÷4=+7$

**問 3.10** −50 を表す 16 ビットのビットパターンに対し，以下の問に答えなさい．

1) 左に3ビット算術シフトするとどうなるか．
2) 右に1ビット算術シフトするとどうなるか．

なお，負数の場合でも，余りは常に正数である．例えば，$-1$ を表すビットパターンを右に1ビット算術シフトする場合を考えてみよう．$-1$ を2で割った商を求めるわけであるが，答えは0ではなく，$-1$ である．なぜならば，
$$-1 = (-1) \times 2 + 1,$$
すなわち，
$$(-1) \div 2 = (-1) \cdots 1$$
となるからである．実際に，シフトして確かめてみてほしい．

## 3.5　論理回路と算術回路

### 5.A)　論理回路

コンピュータの内部には，NOT 回路，AND 回路，OR 回路といった論理回路が組み込まれている．NOT 回路(NOT ゲート)は否定，AND 回路(AND ゲート)は論理積，OR 回路(OR ゲート)は論理和を計算する回路である．これらは，1つまたは2つの信号を(左側から)受け取り，それぞれの回路に対応した信号を(右側に)送り出すようになっており，図 3.2 のように表される．

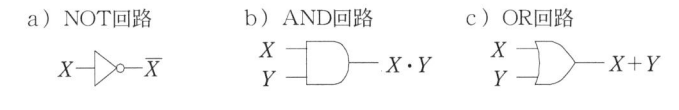

a) NOT回路　　　b) AND回路　　　c) OR回路

$X \rightarrow \!\!\!\!\triangleright\!\!\circ\!\!\rightarrow \overline{X}$　　　$\begin{array}{c}X\\Y\end{array}\!\!\!=\!\!\!\!\!\!\!\supset\!\!\!-\!\!\!- X \cdot Y$　　　$\begin{array}{c}X\\Y\end{array}\!\!\!=\!\!\!\!\!\!\!\supset\!\!\!-\!\!\!- X+Y$

図 3.2　論理回路

これらの基本回路を組み合わせることによって，任意の論理式の値を計算することができる．例えば，論理式 $X \cdot Y + \overline{Y} \cdot Z$ の値を計算する回路図は次のようになる．

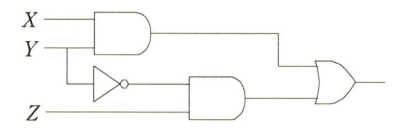

図 3.3　$X \cdot Y + \overline{Y} \cdot Z$ の回路図

---
**例題 3.11**

次の論理式の値を計算する回路図を作成しなさい．
1)　$X + \overline{X} \cdot Y$　　　　2)　$X \cdot (\overline{X} + Y)$

---

【解説】 1) も 2) も入力は X と Y のみである．あとは，論理計算の順に回路を組み合わせていけばよい．

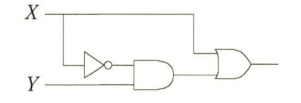

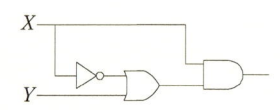

【解答】1)　　　　　　　　　　　　　　2)

問 3.11　次の論理式の値を計算する回路図を作成しなさい．
1)　$X + \overline{X} \cdot \overline{Y}$　　　　2)　$\overline{X} \cdot (X + Y)$

## 5.B)　算術回路

コンピュータが最も得意としているのは論理演算であり，コンピュータに組み込まれているのは論理回路である．一方，我々がコンピュータに要求するのはむしろ算術演算の方である．では，コンピュータはどのように算術演算をおこなうのであろうか．

表 3.5　1 ビットの加算

| X | Y | $X+Y$ ||
|---|---|---|---|
|   |   | C | S |
| 0 | 0 | 0 | 0 |
| 0 | 1 | 0 | 1 |
| 1 | 0 | 0 | 1 |
| 1 | 1 | 1 | 0 |

実は，算術演算はすべて，論理回路で実現できるのである．そこには，2 進数を使用していることが大きく関わっている．以下に整数を用いて簡単に説明する．

まず，足し算について再度考えてみよう．1 ビットの足し算は，第 2 章で示したように，

　　　　$0+0=0$,　$0+1=1$,　$1+0=1$,　$1+1=10$

の4通りである．その状態を今度は表にしてみよう(表 3.5)．

表 3.5 における $C$ は桁上がりを示している．桁上がりがない場合は 0 とした．これは論理積にほかならない(表 3.2 参照)．すなわち，桁上がりは AND 回路で実現できる．一方，$S$ の桁は，排他的論理和となっている．実は，排他的論理和 $X \oplus Y$ という論理演算は，否定，論理積，論理和を組み合わせて実現できる．実際，

$$X \oplus Y = \bar{X} \cdot Y + X \cdot \bar{Y}$$

である(表 3.6)．

表 3.6 排他的論理和

| $X$ | $Y$ | $\bar{X}$ | $\bar{X} \cdot Y$ | $\bar{Y}$ | $X \cdot \bar{Y}$ | $\bar{X} \cdot Y + X \cdot \bar{Y}$ |
|---|---|---|---|---|---|---|
| 0 | 0 | 1 | 0 | 1 | 0 | 0 |
| 0 | 1 | 1 | 1 | 0 | 0 | 1 |
| 1 | 0 | 0 | 0 | 1 | 1 | 1 |
| 1 | 1 | 0 | 0 | 0 | 0 | 0 |

以上から，2 進数における足し算の回路(加算回路)は，NOT 回路，AND 回路，OR 回路の組み合わせで実現できることになる．もっとも，この説明の中には，下位ビットからの繰り上がりを考慮していない．この状態の加算回路を**半加算器**という．また，下位ビットからの繰り上がりを考慮した加算回路を**全加算器**という．

次に，引き算を考えよう．今，$A$, $B$ を正の整数とすると，

$$A - B = A + (-B) = A + (B に対する 2 の補数)$$
$$= A + \{(B に対する 1 の補数) + 1\}$$

となる．1 の補数は 0 と 1 を反転させる操作なので，これは否定の演算にほかならない．したがって，引き算は，加算回路と NOT 回路の組み合わせで実現できる．

さらに，掛け算について考えてみよう．2 進数におけるかけ算は，例えば次のようになる．

```
        (1100)₂
     ×  (101)₂
        1100
       1100        ← (1100)₂ を左に 2 ビットシフト
      (111100)₂
```

図3.4　2進数の掛け算の例

この例では，$(1100)_2$ とそれを 2 ビット左にシフトしたものを足し算しているだけである．このように，2 進数のかけ算は，シフトを行う回路と加算回路で実現できる．同様に，割り算はシフトと引き算から成り立っている．

以上から，コンピュータにおける算術演算は，NOT 回路，AND 回路，OR 回路，及びシフト回路の組み合わせですべて実現できるのである．

## 5.C) NAND 回路

NAND 回路(ナンドと読む)は，$X$ と $Y$ を入力し，$\overline{X \cdot Y}$ を出力する回路であり，図 3.5 のように記述する．もちろん，$\overline{X \cdot Y}$ を計算するには，AND 回路と NOT 回路を組み合わせればよい．

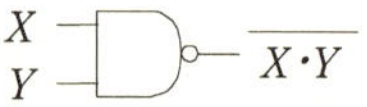

図3.5　NAND回路

実は，NAND 回路の方を基本回路と考えることができる．実際，NAND 回路のみを組み合わせることによって，NOT 回路，AND 回路，OR 回路がすべて実現できる．したがってまた，すべての論理式の値は，NAND 回路のみを用いて計算することができる．

---
**例題 3.12**

NAND 回路のみを用いて，次の回路を作成しなさい．
1) NOT 回路　　　2) AND 回路

---

【解説】　1)は $\overline{X \cdot X} = \overline{X}$，2)は $\overline{\overline{X \cdot Y}} = X \cdot Y$ と考えればよい．

【解答】　1)　　　　　　　　　2)

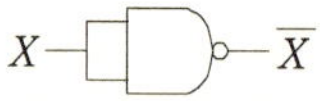

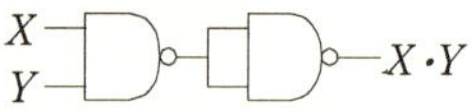

問 3.12　NAND 回路のみを用いて，OR 回路を作成しなさい．
　　　　（ヒント：ド・モルガンの法則　$\overline{X} \cdot \overline{Y} = \overline{X+Y}$ を利用せよ．）

なお，NOR 回路というものもある．こちらは，$X$ と $Y$ を入力し，$\overline{X+Y}$ を出力する回路である．NOR 回路のみを用いても，NOT 回路，AND 回路，OR 回路を実現することができる．

## 3.6 ブール代数と集合演算

論理演算では,$X+X = X$,$X+1 = 1$ などのように算術演算とは異なる面がある.一般に,図 3.1(論理演算の公式)に示したような演算を扱う数学の一領域をブール代数という.すなわち,論理演算はブール代数の一種である.

ブール代数としては,論理演算のほかに,集合演算をあげることができる.集合の場合は,共通部分(積集合),合併集合(和集合),補集合を求める演算が基本である.集合 A,B の共通部分は A∩B,合併集合は A∪B,A の補集合は $\overline{A}$ と表す.これらは,ベン図を用いて,図 3.6 のように表すことが多い.

a) 共通部分(A∩B)　　　b) 合併集合(A∪B)　　　c) 補集合($\overline{A}$)

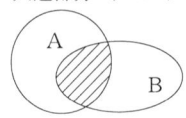

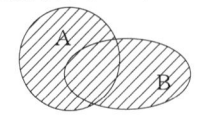

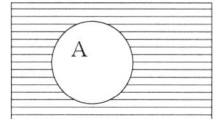

図3.6　集合演算のベン図

論理演算と集合演算の対応は次のようになる.

　　　　　共通部分(積集合)　　…　論理積
　　　　　合併集合(和集合)　　…　論理和
　　　　　補集合　　　　　　　…　否定
　　　　　全体集合　　　　　　…　1
　　　　　空集合　　　　　　　…　0

| | | | |
|---|---|---|---|
| 1 | 交換法則 | a) X∪Y = Y∪X | b) X∩Y = Y∩X |
| 2 | 結合法則 | a) (X∪Y)∪Z = X∪(Y∪Z) = X∪Y∪Z | b) (X∩Y)∩Z = X∩(Y∩Z) = X∩Y∩Z |
| 3 | 分配法則 | a) X∪(Y∩Z) = (X∪Y)∩(X∪Z) | b) X∩(Y∪Z) = (X∩Y)∪(X∩Z) |
| 4 | | a) X∪$\overline{X}$ = U | b) X∩$\overline{X}$ = φ |
| 5 | | a) X∪φ = X | b) X∩φ = φ |
| 6 | | a) X∪U = U | b) X∩U = X |
| 7 | | a) X∪X = X | b) X∩X = X |
| 8 | 二重否定 | $\overline{\overline{X}}$ = X | |
| 9 | ド・モルガンの法則 | a) $\overline{X \cup Y}$ = $\overline{X} \cap \overline{Y}$ | b) $\overline{X \cap Y}$ = $\overline{X} \cup \overline{Y}$ |

図 3.7　集合演算の公式

したがって，図 3.1 に示した論理演算を集合演算に置き換えた公式は，図 3.7 のようになる．ただし，U は全体集合，φ は空集合を表す．

## 3.7 既往問題

---
**例題 3.13**

　ビット数が等しい任意のビット列 $a$ と $b$ に対して，等式 $a = b$ と同じことを表すものはどれか．ここで，AND，OR，XOR はそれぞれ，ビット毎の論理積，論理和，排他的論理和を表す．

　　ア　$a$ AND $b$ = 00⋯0　　　　　イ　$a$ OR $b$ = 11⋯1
　　ウ　$a$ XOR $b$ = 00⋯0　　　　　エ　$a$ XOR $b$ = 11⋯1

---

【解説】　$a$ と $b$ のビット数を $n$ とすると，00⋯0 は $n$ ビットの 0，また 11⋯1 は $n$ ビットの 1 と考えられる．今，$X$ を 1 ビットデータとすると，$X \cdot X = X$, $X + X = X$, $X \oplus X = 0$ であるから，定数が得られるのは排他的論理和 XOR 以外にはない．

【解答】　ウ

---
**例題 3.14**

　任意のオペランドに対するブール演算 $A$ の結果とブール演算 $B$ の結果が互いに否定の関係にあるとき，$A$ は $B$ の（又は，$B$ は $A$ の）相補演算であるという．排他的論理和の相補演算はどれか．

　　ア　等価演算（◯◯）　　　イ　否定論理和（◯◯） 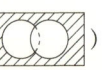
　　ウ　論理積（◯◯） 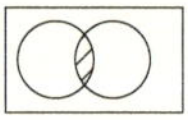　　　　エ　論理和（◯◯）

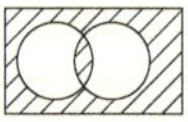

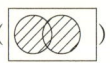

---

【解説】　「オペランド」とは 2+3*4 における 2 や 3 のような被演算子のことである．排他的論理和 $X \oplus Y$ は表 3.6 に示したように $\overline{X} \cdot Y + X \cdot \overline{Y}$ と表すことができ，ベン図で表すと ◯◯ のようになる．したがって，その相補演算は明らかに等価演算である．なお，論理式を変形しても答が得られる．

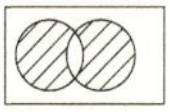

$$\overline{X \oplus Y} = \overline{\overline{X} \cdot Y + X \cdot \overline{Y}} = \overline{\overline{X} \cdot Y} \cdot \overline{X \cdot \overline{Y}} = (X + \overline{Y}) \cdot (\overline{X} + Y)$$
$$= X \cdot \overline{X} + X \cdot Y + \overline{X} \cdot \overline{Y} + Y \cdot \overline{Y}$$
$$= 0 + X \cdot Y + \overline{X} \cdot \overline{Y} + 0 = X \cdot Y + \overline{X} \cdot \overline{Y}$$

【解答】 ア

---

**例題 3.15**

図の論理回路と同じ出力が得られる論理回路はどれか．ここで，⎓D⎓は論理積(AND)，⎓D⎓は論理和(OR)，⎓▷⎓は否定(NOT)を表す．

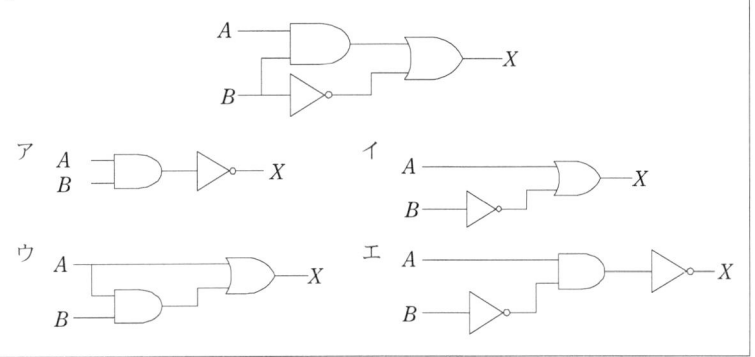

【解説】 図の回路は論理式で表すと $A \cdot B + \overline{B}$ である．これは次のように変形することができる．

$$A \cdot B + \overline{B} = A \cdot B + 1 \cdot \overline{B} = A \cdot B + (A + 1) \cdot \overline{B}$$
$$= A \cdot B + A \cdot \overline{B} + 1 \cdot \overline{B} = A \cdot (B + \overline{B}) + \overline{B} = A + \overline{B}$$

あるいは，ベン図を作成してみる，真理値表を書いてみるなどの方法もある．

【解答】 イ

---

**例題 3.16**

次のベン図の網掛け部分(▨)で表現される集合はどれか．ここで，$X \cup Y$ は X と Y の和集合，$X \cap Y$ は X と Y の積集合，$\overline{X}$ は X の補集合を表す．

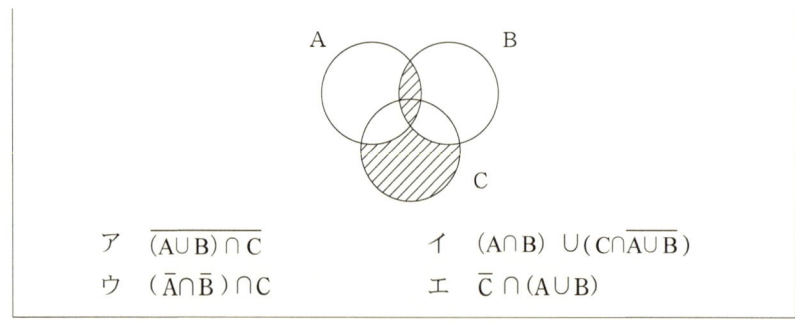

ア $\overline{(A\cup B)}\cap C$ イ $(A\cap B)\cup(C\cap\overline{A\cup B})$
ウ $(\overline{A}\cap\overline{B})\cap C$ エ $\overline{C}\cap(A\cup B)$

【解説】 図の斜線部は，$(A\cap B)$ と $(C\cap\overline{A\cup B})$ である．
【解答】 イ

― 例題 3.17 ―

図の論理回路と等価な論理式はどれか．ここで，⎓ は AND ゲート，⎓ は OR ゲート，▷ は NOT ゲートとする．また，・は論理積，+は論理和，$\overline{X}$ は $X$ の否定を表す．

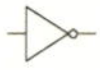

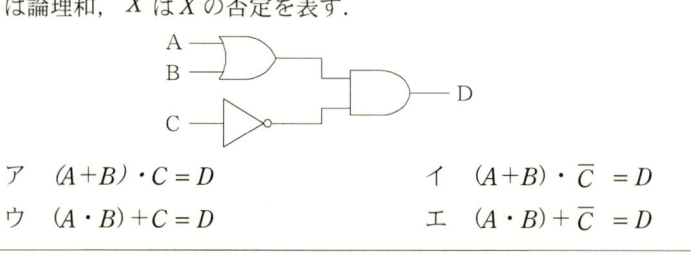

ア $(A+B)\cdot C=D$ イ $(A+B)\cdot\overline{C}=D$
ウ $(A\cdot B)+C=D$ エ $(A\cdot B)+\overline{C}=D$

【解説】 回路図を素直に論理式として表現すればよい．
【解答】 イ

― 例題 3.18 ―

真理値表と等価な論理式はどれか．
ここで，・は論理積，+は論理和，$\overline{A}$ は $A$ の否定を表す．

| $x$ | $y$ | 演算結果 |
|---|---|---|
| 0 | 0 | 0 |
| 0 | 1 | 0 |
| 1 | 0 | 1 |
| 1 | 1 | 0 |

ア $x+\overline{y}$ イ $\overline{x}+y$
ウ $x\cdot\overline{y}$ エ $\overline{x}\cdot y$

【解説】 演算結果が1の行に着目する．それは3行目のみであり，この行の演算結果が1となるためには$x$が1で$\bar{y}$が1でなければならない．

【解答】 ウ

---
**例題 3.19**

数値を2進数で格納するレジスタがある．このレジスタに正の整数$x$を入れたのち，"レジスタの値を2ビット左にシフトして，これに$x$を加える"操作をおこなうと，レジスタの値は$x$の何倍になるか．ここで，シフトによるあふれ(オーバフロー)は，発生しないものとする．

　　　　ア　3　　　　イ　4　　　　ウ　5　　　　エ　6

---

【解説】$x$を2ビット左にシフトすると$2^2=4$倍の$4x$となる．さらにそれに$x$を加えると$5x$となる．なお，「レジスタ」とは演算のために一時的に用いられる一種の記憶装置である．

【解答】 ウ

---
**例題 3.20**

負数を2の補数で表すとき，8桁の2進数$n$に対し，$-n$を求める式はどれか．ここで＋は加算を表し，OR, XORは，それぞれビット毎の論理和，排他的論理和を表す．

　　ア　$(n$ OR $10000000) + 00000001$
　　イ　$(n$ OR $11111110) + 11111111$
　　ウ　$(n$ XOR $10000000) + 11111111$
　　エ　$(n$ XOR $11111111) + 00000001$

---

【解説】 2の補数を求めるには，1の補数に1を加えればよい．1の補数は0と1を反転させればよいが，それは1と排他的論理和をとることによって得られる．

【解答】 エ

## 例題 3.21

論理式 A∨($\overline{A}$∧B) と等価なものはどれか．ここで，∧は論理積，∨は論理和，$\overline{X}$ は X の否定を表す．

ア　A∧B　　　　イ　A∨B　　　　ウ　A∧$\overline{B}$　　　　エ　A∨$\overline{B}$

【解説】　論理式 A∨($\overline{A}$∧B) を次のように変形していけば答が得られる．

$$A∨(\overline{A}∧B) = (A∨\overline{A})∧(A∨B) = 1∧(A∨B) = A∨B$$

【解答】　イ

## 例題 3.22

論理式 A∧B を例のとおりに記述するとき，図で表される論理式が表すものはどれか．

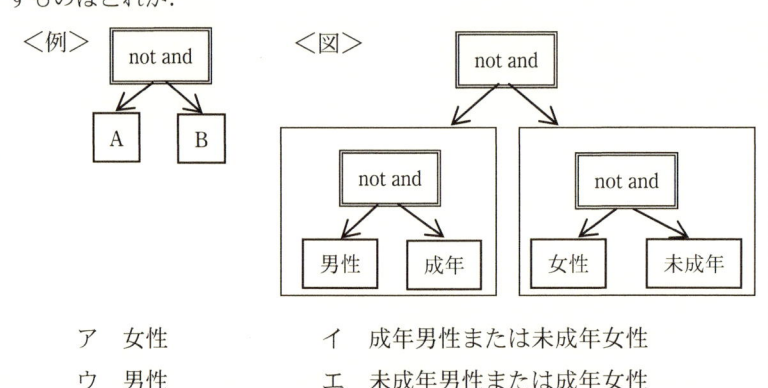

&lt;例&gt;　not and → A, B

&lt;図&gt;　not and → (not and → 男性, 成年), (not and → 女性, 未成年)

ア　女性　　　　　　　　イ　成年男性または未成年女性
ウ　男性　　　　　　　　エ　未成年男性または成年女性

【解説】　与えられた図を論理式で表し変形してみよう．

$$\overline{\overline{男性∧成年}∧\overline{女性∧未成年}} = (\overline{\overline{男性∧成年}})∨(\overline{\overline{女性∧未成年}})$$
$$= (男性∧成年)∨(女性∧未成年)$$

となる．

【解答】　イ

## 例題 3.23

最上位をパリティビットとする 8 ビット符号において，パリティビット以外の下位 7 ビットを得るためのビット演算はどれか．

ア　16 進数 0F と AND をとる．

イ　16 進数 0F と OR をとる．
　　ウ　16 進数 7F と AND をとる．
　　エ　16 進数 FF と XOR（排他的論理和）をとる．

【解説】　最上位ビット $X$ を 0 にするには，$X \cdot 0 = 0$ または $X \oplus X = 0$ という公式を用いるが，解答群を見ると定数との演算しかないので，論理積 $X \cdot 0 = 0$ を採用することになる．論理積を用いて，残り 7 ビットをそのまま残すには，$Y \cdot 1 = Y$ という公式を用いればよい．すなわち，$(0111\ 1111)_2$ との論理積をとると求める結果が得られる．

　　なお，「パリティビット」については第 5 章で解説する．

【解答】　ウ

── 例題 3.24 ──

論理式 $Z = X \cdot \bar{Y} + \bar{X} \cdot Y$ の真理値表はどれか．ここで，・は論理積，＋は論理和，$\bar{A}$ は $A$ の否定を表す．

ア

| $X$ | $Y$ | $Z$ |
|---|---|---|
| 0 | 0 | 0 |
| 0 | 1 | 0 |
| 1 | 0 | 0 |
| 1 | 1 | 1 |

イ

| $X$ | $Y$ | $Z$ |
|---|---|---|
| 0 | 0 | 0 |
| 0 | 1 | 1 |
| 1 | 0 | 1 |
| 1 | 1 | 0 |

ウ

| $X$ | $Y$ | $Z$ |
|---|---|---|
| 0 | 0 | 0 |
| 0 | 1 | 1 |
| 1 | 0 | 1 |
| 1 | 1 | 1 |

エ

| $X$ | $Y$ | $Z$ |
|---|---|---|
| 0 | 0 | 1 |
| 0 | 1 | 0 |
| 1 | 0 | 0 |
| 1 | 1 | 1 |

【解説】　論理式 $Z$ が排他的論理和であることがわかればすぐに解答できる．あるいは論理式 $Z$ の真理値表を作成してもよい．

【解答】　イ

## 例題 3.25

二つの入力と一つの出力を持つ論理回路で，二つの入力 $A$, $B$ がともに 1 のときだけ，出力 $X$ が 0 になるものはどれか．

$A$ ──┐
$B$ ──┘──$X$

ア　AND 回路　　イ　NAND 回路　　ウ　OR 回路　　エ　XOR 回路

【解説】　この論理回路の真理値表を作成すると右のようになる．これは，論理積のあとで否定をとったものであることがわかる．したがって，この回路は $\overline{A \cdot B}$ を計算している．すなわち，NAND 回路である．

| $A$ | $B$ | 出力 |
|---|---|---|
| 0 | 0 | 1 |
| 0 | 1 | 1 |
| 1 | 0 | 1 |
| 1 | 1 | 0 |

【解答】　イ

## 例題 3.26

ビット列 $A$ とビット列 $B$ の排他的論理和演算 (EOR) の結果がビット $C$ となるとき，ビット列 $B$ の値はどれか．

$$
\begin{array}{rl}
A & \boxed{10110010} \\
(\text{EOR}) \ B & \boxed{\phantom{10110010}} \\
\hline
C & \boxed{00111101}
\end{array}
$$

ア　00110000　　イ　01110000　　ウ　10001111　　エ　10111111

【解説】　ビットごとに計算していけばよい．最左端は結果が 0 になっているので 1 でなければならない．次のビットは結果が 0 になっているので 0 である．その次は結果が 1 になっているので 0 である．

【解答】　ウ

## 例題 3.27

16 進数 ABCD を 2 ビットだけ右に論理シフトしたものはどれか．

ア　2AF3　　イ　6AF3　　ウ　AF34　　エ　EAF3

【解説】 (ABCD)$_{16}$=(1010 1011 1100 1101)$_2$ なので，これを右に2ビット論理シフトすると，(0010 1010 1111 0011)$_2$=(2AF3)$_{16}$ となる．

【解答】 ア

---

**例題 3.28**

論理演算"$x$★$y$"の演算結果は，右に示す真理値表のとおりである．この演算と等価な式はどれか．

| $x$ | $y$ | $x$★$y$ |
|---|---|---|
| 真 | 真 | 偽 |
| 真 | 偽 | 偽 |
| 偽 | 真 | 真 |
| 偽 | 偽 | 偽 |

ア　$x$ OR (NOT $y$)　　　　　イ　(NOT $x$) AND $y$
ウ　(NOT $x$) AND (NOT $y$)　　エ　(NOT $x$) OR (NOT $y$)

---

【解説】 $x$★$y$ が真となるのは，$x$ が偽でかつ $y$ が真のとき，すなわち，(NOT $x$)が真でかつ $y$ が真のときのみである．したがって，(NOT $x$) AND $y$ と等価である．あるいは，解答群に与えられた各論理式の真理値表を作成し，$x$★$y$ と等しいものを探す方法もある．

【解答】 イ

---

**例題 3.29**

次の16ビットの固定小数点レジスタの内容を2ビット左へ論理シフトしたものを $a$ とし，3ビット右へ論理シフトしたものを $b$ としたとき，$a$ は $b$ の何倍になるか．

ここで，論理シフトではシフト後に空きとなったビットに0が補われるものとする．

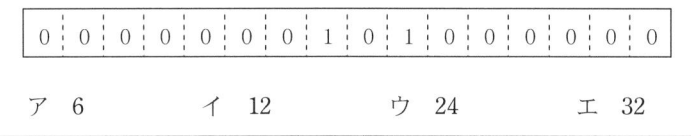

| 0 | 0 | 0 | 0 | 0 | 0 | 0 | 1 | 0 | 1 | 0 | 0 | 0 | 0 | 0 | 0 |
|---|---|---|---|---|---|---|---|---|---|---|---|---|---|---|---|

ア　6　　　　イ　12　　　　ウ　24　　　　エ　32

---

【解説】 ここでは論理シフトとなっているが，与えられたデータの場合，算術シフトでも結果は同じである．現在の値を $x$ とすると，$a=4x$，$x=8b$ という等式が成立するので，$a=32b$ となる．

【解答】 エ

第3章のまとめ

1) 2つの入力 $X$, $Y$ が共に 1 のときのみ 1 となる論理演算を a) といい，$X \cdot Y$ と表す．
2) 2つの入力 $X$, $Y$ が同じ値のときは 0，異なる値のときは 1 となる論理演算は b) といい，$X \oplus Y$ と表す．
3) c) とは，論理式の値を，その中に含まれる論理変数の値にしたがって計算した一覧表である．
4) 公式 $\overline{X+Y}=\overline{X}\cdot\overline{Y}$ を d) の法則いう．
5) e) シフトでは，符号を考慮する．したがって，負数を e) シフトしても結果は負数のままである．
6) 論理和を計算する回路を f) 回路という．

復習問題 3

1 $X=1$, $Y=0$, $Z=0$ のとき，次の論理式の値を求めなさい．
  1) $X \cdot Y + \overline{X}$   2) $X + \overline{Y} \cdot Z$   3) $(X+Y) \cdot (X + \overline{Y} \cdot \overline{Z})$

2 次の論理式の真理値表を作成しなさい．
  1) $X \cdot (\overline{X} + Y)$   2) $X \cdot \overline{Y} + Y \cdot \overline{Z} + Z \cdot \overline{X}$

3 次の論理演算を行い，結果を 16 進表現しなさい．
  1) $(0F74)_{16}$ AND $(0AB8)_{16}$   2) $(FF24)_{16}$ OR $(005C)_{16}$
  3) $(ABCD)_{16}$ XOR $(FFFF)_{16}$

4 16 ビットのデータ $(3B78)_{16}$ を次のように論理シフトし，結果を 16 進表現しなさい．
  1) 左に 8 ビット論理シフト   2) 右に 16 ビット論理シフト

5 +200 を表す 16 ビットのデータに対し以下の算術シフトを行い，その結果を 10 進数で表しなさい．
  1) 左に 2 ビット算術シフト   2) 右に 3 ビット算術シフト

6 以下の問に答えなさい．
  1) あるデータ $X$ を 16 倍したい．どのように算術シフトすればよい

か.
2) あるデータ $X$ を9倍したい．算術シフトと加算だけで行うには，どのようにすればよいか．

7　次の論理式に対する回路図を作成しなさい．
 1) $X \cdot (X + \overline{Y})$　　　2) $X \cdot Y + \overline{X} \cdot Z$

# 第4章 機械語命令

> この章では，機械語命令について解説する．機械語命令の形式や機能はコンピュータによって異なるので，ここでは仮想的なコンピュータを考えることにする．なお，ここでも2進数や16進数を使用する．

## 4.1 機械語命令の役割

今，主記憶装置内の100番地，200番地，300番地のそれぞれに整数データがあり，その和を求めて，400番地に登録したいとしよう．

演算は，一般に，CPU内にある汎用レジスタ（General Register）と呼ばれる特殊な記憶装置上でおこなわれる．そのため，和を求める演算は，次のような基本的な動作に分解される．

① 100番地のデータを汎用レジスタに登録する．
② 200番地のデータを汎用レジスタに加える．
③ 300番地のデータを汎用レジスタに加える．
④ 汎用レジスタの内容を400番地に登録する．

このような基本動作を表すのが機械語命令である．**機械語命令**とは，コンピュータが唯一理解することのできる言葉である．これまで説明してきた論理演算や算術演算などは，すべて個別の機械語命令によって実行される．このような機械語命令を複数組み合わせることによって，意味のあるプログラムが構成される．

以下では，機械語命令を単に**命令**と表すことにする．

## 4.2 命令の形式

各種演算は，一般に，汎用レジスタ上でおこなわれる．また，その際の演算対象となるデータは主記憶装置上に置かれている．したがって，命令の中では，演算の種類と共に，使用するレジスタの番号，データが置かれている

主記憶装置上の位置(アドレスという)が記述されていなければならない．

しかし，命令の形式やビット数はコンピュータによって異なる．実際，16ビットの命令もあれば32ビットの命令もある．そこで，以下では，命令として図4.1の形式を持つ仮想のコンピュータについて考えることにする．この仮想コンピュータには，GR0，GR1，…，GR7という8つの汎用レジスタがあるとする．

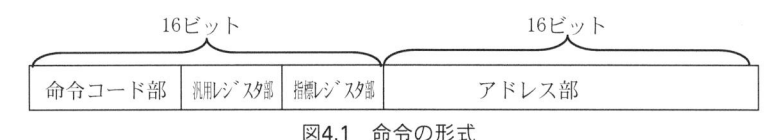

```
|←  16ビット  →|←  16ビット  →|
| 命令コード部 | 汎用レジスタ部 | 指標レジスタ部 | アドレス部 |
```

図4.1　命令の形式

a) **命令コード部（8ビット）**

各種演算など命令の種類を表す部分である．

b) **汎用レジスタ部（4ビット）**

この部分には，使用する汎用レジスタの番号(0～7のいずれか)が記述される．

c) **指標レジスタ部（4ビット）**

指標レジスタ（Index Register）とは，実効アドレス（後述）を求めるために用いられるレジスタである．この仮想コンピュータでは，GR1～GR7を指標レジスタとして使用することができ，その番号1～7を指定するものとする．

なお，この箇所が0のときは指標レジスタを使用しないことを表す．GR0を指定しているわけではない(GR0は指標レジスタではない)．

d) **アドレス部**

これは，処理の対象となるデータが存在するメモリ上のアドレスを指定するところである．コンピュータによっては，アドレス部を複数持つものもあるが，ここで考えている仮想コンピュータではアドレス部は一つしか持たないとする．

なお，命令コード以外をその命令のオペランドという．

## 4.3 実効アドレスの計算

指標レジスタが指定されていない場合(指標レジスタ部が 0 の場合)，命令内のアドレス部がデータのあるアドレスを表す．例えば，

「5000 番地の内容を GR1 に加える」

という命令を実行しようとしているとする．5000 番地の内容が 200 であれば，200 が GR1 に加えられることになる．実際のデータがあるアドレスを**実効アドレス**または**有効アドレス**という．

指標レジスタの指定がなければ，命令内のアドレス部に記述されたアドレスが実効アドレスとなる．上の例では，5000 番地が実効アドレスである．

それに対し，指標レジスタが指定されているときは，以下に述べるインデックス修飾をおこなって実効アドレスを求める．

### 3.A) インデックス修飾

命令のアドレス部の値に演算を施して実効アドレスを求めることをアドレス修飾という．指標レジスタを用いたアドレス修飾がインデックス修飾である．インデックス修飾では，指定された指標レジスタの中にある値を命令のアドレス部に加えて実効アドレスを求める．

例えば，命令のアドレス部が 3000 番地で，GR2 が指標レジスタとして指定されているとする．このとき，GR2 の値が 100 であれば，インデックス修飾による実効アドレスは，3000 に 100 を加えて

$$3000 + 100 = 3100 \text{ 番地}$$

となる．

---
**例題 4.1**

各レジスタが次の値を持っているとき，それぞれの場合の実効アドレスを求めなさい．

GR0 [ 20 ]　　GR1 [ 5 ]　　GR2 [ 10 ]

1) 指標レジスタ部＝2，アドレス部＝1500
2) 指標レジスタ部＝0，アドレス部＝4000

【解説】 1)ではGR2によるインデックス修飾をおこなうので，実効アドレスは

$$1500 + (GR2 の内容) = 1500 + 10 = 1510 番地$$

となる．2)では指標レジスタは指定されていない(GR0は指標レジスタではない)ので，実効アドレスは4000番地である．

【解答】 1) 1510番地　　　　2) 4000番地

問 4.1　各レジスタが次の値を持っているとき，それぞれの場合の実効アドレスを求めなさい．

　　　　GR0　| 35 |　　GR1　| 45 |　　GR2　| 0 |

1) 指標レジスタ部=1，アドレス部=2000
2) 指標レジスタ部=0，アドレス部=5000

## 3.B)　各種アドレス方式

　命令内のアドレス部にあるアドレスを実効アドレスとして扱う方式を絶対アドレス方式という．それに対し，その命令の所在を基準にした方式を相対アドレス方式という．その命令のアドレスは，プログラムレジスタ(プログラムカウンタともいう)に登録されているので，相対アドレス方式における実効アドレスは，

　　　　|(プログラムレジスタの内容)+(アドレス部の内容)|

である．
　また，ベースアドレス方式というものもある．CPUには，ベースレジスタというものがあり，プログラムの先頭アドレスが登録されている．ベースレジスタ方式では，

　　　　|(ベースレジスタの内容)+(アドレス部の内容)|

が実効アドレスとなる．この場合，アドレス部の内容は，プログラムの先頭を基準にした相対番地を表していることになる．
　もちろん，相対アドレス方式やベースアドレス方式とインデックス修飾を組み合わせることもできる．

## 4.4 命令の種類

命令には，データ転送命令，算術演算命令，論理演算命令，比較命令，分岐命令，入出力命令などがある．表 4.1 に主な機械語命令を掲げる．

表 4.1 命令の例

| 名称 | 命令形式 | 命令コード |
|---|---|---|
| ロード（LoaD） | LD　GR,adr[,XR] | $(11)_{16}$ |
| ストア（STore） | ST　GR,adr[,XR] | $(12)_{16}$ |
| 算術加算（ADD arithmetic） | ADD　GR,adr[,XR] | $(21)_{16}$ |
| 算術減算（SUBtract arithmetic） | SUB　GR,adr[,XR] | $(22)_{16}$ |
| 論理積（AND） | AND　GR,adr[,XR] | $(23)_{16}$ |
| 論理和（OR） | OR　GR,adr[,XR] | $(24)_{16}$ |
| 排他的論理和（eXclusive OR） | XOR　GR,adr[,XR] | $(25)_{16}$ |
| 算術比較（ComPare Arithmetic） | CPA　GR,adr[,XR] | $(31)_{16}$ |
| 算術左シフト（Shift Left Arithmetic） | SLA　GR,adr[,XR] | $(41)_{16}$ |
| 算術右シフト（Shift Right Arithmetic） | SRA　GR,adr[,XR] | $(42)_{16}$ |
| 論理左シフト（Shift Left Logical） | SLL　GR,adr[,XR] | $(43)_{16}$ |
| 論理右シフト（Shift Right Logical） | SRL　GR,adr[,XR] | $(44)_{16}$ |
| 正分岐（Jump on Plus or Zero） | JPZ　adr[,XR] | $(51)_{16}$ |
| 負分岐（Jump on MInus） | JMI　adr[,XR] | $(52)_{16}$ |
| 非零分岐（Jump on Non Zero） | JNZ　adr[,XR] | $(53)_{16}$ |
| 零分岐（Jump on ZEro） | JZE　adr[,XR] | $(54)_{16}$ |
| 無条件分岐（unconditional JuMP） | JMP　adr[,XR] | $(55)_{16}$ |

a) **データ転送命令**

データ転送命令には，ロード命令とストア命令がある．**ロード**とは主記憶からレジスタにデータを移すこと，**ストア**とは逆にレジスタから主記憶にデータを移すことをいう．

b) **算術演算命令**

いわゆる四則演算である．対象となるデータが整数(固定小数点数)か実数(浮動小数点数)かによって異なる命令となる．

c) **論理演算命令**

論理積，論理和，排他的論理和などの論理演算を行う命令である．データ

の長さは8ビットや16ビットである．

d) **比較命令**

2つのデータの大小関係を調べる命令である．比較結果はフラグレジスタと呼ばれる特殊なレジスタに登録される．

e) **分岐命令**

無条件分岐命令と条件付き分岐命令とがある．無条件分岐命令は単に実効アドレスに分岐するだけであるが，**条件付き分岐命令**ではある条件が満たされている場合に分岐する．分岐するかどうかはフラグレジスタの内容に依存する．

---

**例題 4.2**

次の処理をおこなう命令を16進表現しなさい．ただし，命令は図4.1に示す形式であり，また，命令コードは表4.1に示すとおりである．

1) $(4F)_{16}$番地の内容をGR4にロードする．
2) GR3に$(A7C)_{16}$番地の内容を加える．

---

【解説】 命令は全体で32ビットである．1)ではロード命令を用いる．ロード命令のコードは$(11)_{16}$，汎用レジスタ番号は4，指標レジスタは指定されていないので0である．したがって，命令の前半部は$(1140)_{16}$となる．アドレス部は16ビット(16進表現で4桁)なので$(004F)_{16}$である．

一方，2)では加算命令を用いる．加算命令のコードは$(21)_{16}$である．汎用レジスタ番号は3，指標レジスタは指定されていないので0である．したがって，命令の前半部は$(2130)_{16}$となる．

【解答】 1) $(1140\ 004F)_{16}$  2) $(2130\ 0A7C)_{16}$

問 4.2 次の処理をおこなう命令を16進表現しなさい．ただし，命令は図4.1に示す形式であり，また，命令コードは表4.1に示すとおりである．

1) GR7の内容を$(B54F)_{16}$番地にストアする．
2) GR3から$(12BB)_{16}$番地の内容を引く．

## 例題 4.3

レジスタと主記憶の状態が次のとおりであるとする(値は 10 進数で表現している).

```
GR0 [ 1 ]    GR1 [ 2 ]    GR2 [ 3 ]

     0   1   2   3   4   5   6   7   ← アドレス
   [   |10 |20 |30 |40 |50 |60 |70 |80 ]
```

このとき,以下の命令を実行すると,どこにどのような値が設定されるか.

1) $(1100\ 0007)_{16}$    2) $(2112\ 0003)_{16}$

【解説】 1)は命令コードが $(11)_{16}$ なのでロード命令であり,汎用レジスタとしては GR0 が指定されている.指標レジスタは指定されていないので実効アドレスは 7 番地である.したがって,この命令は

$(11\ 0\ 0\ 0007)_{16}$
↓ ↓ ↓
ロード命令 GR0 指標レジスタは指定されていない

「7 番地の内容を GR0 にロードせよ」

という意味である.7 番地には値 80 が登録されているので,それが GR0 に登録される.

2)は命令コードが $(21)_{16}$ なので加算命令であり,汎用レジスタは GR1 である.さらに,ここでは,GR2 が指標レジスタとして指定されているので,実効アドレスは

3 + (GR2 の内容) = 3 + 3 = 6 番地

$(21\ 1\ 2\ 0003)_{16}$
↓ ↓ ↓
加算命令 GR1 GR2
　　　　　　(指標レジスタ)

である.したがって,この命令は

「6 番地の内容を GR1 に加算せよ」

という意味である.GR1 の値は 2,6 番地の値は 70 なので,この命令を実行すると,72(=2+70)が GR1 にセットされる.

【解答】 1) GR0 に 80 がセットされる.
2) GR1 に 72 がセットされる.


問 4.3 レジスタと主記憶の状態が次のとおりであるとする(値は 10 進数で表現している).

```
GR0 | 3 |    GR1 | 20 |    GR2 | 1 |
       0   1   2   3   4   5   6   7  ← アドレス
      | 5 | 6 | 7 | 8 | 9 | 10 | 11 | 12 |
```

このとき，以下の命令を実行すると，どこにどのような値が設定されるか．

1) $(1200\ 0007)_{16}$　　　　2) $(2212\ 0004)_{16}$

## 4.5　ニモニックコード

これまで，命令を 16 進表現してきたが，このままではわかりにくい．そこで，一般に，各命令を記号で表す．これをニモニックコードという．

以下では，各命令は，次のように記述する．

> 命令コード　GR, adr [, XR]

ここで，GR は汎用レジスタ，adr はアドレス（以下では原則として 10 進表現する），XR は指標レジスタを表す．大括弧 [ ] で囲まれたものは省略することができる．指標レジスタを使用しないときは，手前のコンマと共に省略する．指標レジスタが指定されているときは，インデックス修飾を行うことを意味する．

なお，命令によっては，汎用レジスタを使用しないため，

> 命令コード　adr [, XR]

という形式を持つものもある(表 4.1 参照)．

以下に，ニモニックコードを用いて各命令を説明する．

## 5.A)　データ転送命令

データ転送命令には，LD 命令（ロード命令）と ST 命令（ストア命令）がある．

　　＜例 1 ＞　LD　GR1, 200　　…　200 番地の内容が GR1 にロードされる．

　　　　【注】LD　GR1, 200 は定数の 200 を GR1 にロードするわけではない．

　　　　＜例2＞　ST　GR2, 300, GR1　…　GR2の内容が実効アドレスにストアされる．例えば，指標レジスタGR1の内容が3のときは，実効アドレスは303（= 300 + 3）番地となる．

## 5.B)　算術演算命令

算術演算命令としては，ADD命令（加算命令）とSUB命令（減算命令）がある．

　　　　＜例1＞　ADD　GR4, 400　　　…　400番地の内容をGR4に加える．
　　　　　　　　【注】ADD　GR4, 400は定数の400を加えるわけではない．
　　　　＜例2＞　SUB　GR1, 0, GR2　…　GR1からGR2に登録されている実効アドレス内のデータを引く．

## 5.C)　論理演算命令

論理演算命令としては，AND命令，OR命令，XOR命令がある．いずれも，指定したレジスタと実効アドレス内のデータとで16ビットの論理演算を行い，結果をそのレジスタに登録する．

　　　　＜例1＞　AND　GR0, 1000　　　…　GR0と1000番地の内容とで論理積をとる．
　　　　＜例2＞　OR　GR4, 2000, GR5　…　GR4と実効アドレス(2000 + GR5)番地の内容とで論理和をとる．
　　　　＜例3＞　XOR　GR6, 3000　　　…　GR6と3000番地の内容とで排他的論理和をとる．

## 5.D) シフト命令

シフトには，算術シフトと論理シフトがあり，それぞれに対し，左シフトと右シフトがある．したがって，シフト命令は4種類である．

- SLA  …  算術左シフト(Shift Left Arithmetic)
- SRA  …  算術右シフト(Shift Right Arithmetic)
- SLL  …  論理左シフト(Shift Left Logical)
- SRL  …  論理右シフト(Shift Right Logical)

シフト命令の場合，実効アドレスがシフトのビット数を表す．

  &lt;例1&gt; SLA GR0, 3 … GR0の内容を3ビット左に算術シフトする．

  &lt;例2&gt; SRL GR7, 0, GR1 … GR7の内容を右に論理シフトする．ただし，ビット数はGR1に入っている．

## 5.E) 分岐命令

分岐命令には，無条件分岐命令と条件付き分岐命令とがある．**無条件分岐命令**では，実効アドレスに分岐するだけであるが，**条件付き分岐命令**の場合，フラグレジスタの内容にしたがって分岐するかどうかが決まる．

- JMP  …  無条件分岐命令
- JPZ  …  正分岐命令(フラグレジスタの内容が0または正の場合に分岐する)
- JMI  …  負分岐命令(負の場合に分岐する)
- JZE  …  零分岐命令(0の場合に分岐する)
- JNZ  …  非負分岐命令(正または負の場合に分岐する)

分岐命令では，汎用レジスタは指定しない(汎用レジスタ部＝0)．

  &lt;例1&gt; JMP 300 … 300番地に分岐する(したがって，この次に，300番地にある機械語命令が実行される)．

  &lt;例2&gt; JZE 400 … フラグレジスタの内容が0の場合に400番地に分岐する．

<例3> JMI 0,GR1 … フラグレジスタの内容が負の場合に GR1 内にある実効アドレスに分岐する.

---
**例題 4.4**

次の命令を 16 進表現しなさい.
1) LD GR3, 200　　　　2) AND GR4, 0, GR1

---

【解説】 1) LD=$(11)_{16}$, GR=3, XR=0, adr=200=$(00C8)_{16}$ である.
2) AND=$(23)_{16}$, GR=4, XR=1, adr=0=$(0000)_{16}$ である.

【解答】 1) $(1130\ 00C8)_{16}$　　2) $(2341\ 0000)_{16}$

問 4.4 次の命令を 16 進表現しなさい.
1) ST GR5, 300, GR2　　　　2) SLL GR1, 1

---
**例題 4.5**

レジスタと主記憶の状態が次のとおりであるとする(値は 10 進数で表現している).

GR0 [ 1 ]　　GR1 [ 3 ]　　GR2 [ 5 ]

| 100 | 101 | 102 | 103 | 104 | 105 | 106 | 107 | ← アドレス |
|---|---|---|---|---|---|---|---|---|
| 1 | 2 | 3 | 4 | 5 | 6 | 7 | 8 | |

このとき, 以下の命令を実行すると, どこにどのような値が設定されるか.
1) AND GR2, 105　　　　2) SLL GR1, 2

---

【解説】 1)は GR2 の内容と 105 番地の内容とで論理積をとる命令である. GR2 の内容は 5, 105 番地の内容は 6 なので, 次に示す計算により, 結果は 4 となる.

$$\begin{array}{r} \text{GR2 の内容}\quad 5 = (0000\ 0000\ 0000\ 0101)_2 \\ \text{AND)}\ 105\ \text{番地の内容}\ 6 = (0000\ 0000\ 0000\ 0110)_2 \\ \hline (0000\ 0000\ 0000\ 0100)_2 = 4 \end{array}$$

2)では GR1 の内容 3 を 2 ビット左に論理シフトする. 次に示すように結果は 12 となる.

$$3 = \boxed{(0000\ 0000\ 0000\ 0011)_2}$$

$$00\ \boxed{(0000\ 0000\ 0000\ 1100)_2} = 12$$

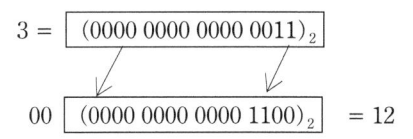

【解答】 1) GR2 に 4 がセットされる　　2) GR1 に 12 がセットされる

問 4.5　レジスタと主記憶の状態が次のとおりであるとする(値は 10 進数で表現している).

| GR0 | 5 | | GR1 | 1 | | GR2 | 4 |

| 200 | 201 | 202 | 203 | 204 | 205 | 206 | 207 | ← アドレス |
|---|---|---|---|---|---|---|---|---|
| 5 | 6 | 7 | 8 | 9 | 10 | 11 | 12 | |

このとき,以下の命令を実行すると,どこにどのような値が設定されるか.

　　1)　OR　GR0, 204　　　　　　2)　SRA　GR2, 0, GR1

---

**例題 4.6**

100 番地に整数データ $n$ が登録されているとする.このとき,次の命令を順に実行すると 100 番地の値はどのようになるか.ただし,オーバフローはないものとする.

1)
```
LD    GR1, 100
ADD   GR1, 100
ST    GR1, 100
```

2)
```
LD    GR2, 100
XOR   GR2, 100
ST    GR2, 100
```

---

【解説】 1)では $n$ に $n$ が加えられるので結果は $2n$ である.2)では $n$ と $n$ とで排他的論理和をとっている.$X \oplus X = 0$ なので答は 0 である.

【解答】 1)　$2n$　　　2)　0

問 4.6　200 番地に整数データ $n$ が登録されているとする.このとき,次の命令を順に実行すると 200 番地の値はどのようになるか.ただし,オーバフローはないものとする.

1)
```
LD    GR2, 200
SUB   GR2, 200
ST    GR2, 200
```

2)
```
LD    GR3, 200
SLA   GR3, 2
ST    GR3, 200
```

## 4.6 既往問題

---
**例題 4.7**

命令のオペランド部において，プログラムカウンタの値を基準とし，その値からの変位で実効アドレスを指定する方式はどれか．

ア　インデックスアドレス指定　　イ　絶対アドレス指定
ウ　相対アドレス指定　　　　　　エ　ベースアドレス指定

---

【解説】　プログラムカウンタには，これから実行する命令のアドレスが登録されている．このアドレスを基準にするのは相対アドレス方式である．
【解答】　ウ

---
**例題 4.8**

"LOAD GR, B, AD"は，AD が示す番地にベースレジスタ B の内容を加えた値を有効アドレスとして，その有効アドレスが示す主記憶に格納されているデータを汎用レジスタ GR にロードする命令である．図の状態で，次の命令を実行したとき，汎用レジスタ GR の内容はどれか．

　　　LOAD　GR, 1, 200

ア　1100　　イ　1200　　ウ　1201　　エ　1300

| ベースレジスタ1 | 100 |
|---|---|

| 主記憶 番地 | |
|---|---|
| 100 | 1100 |
| 101 | 1101 |
| ... | ... |
| 200 | 1200 |
| 201 | 1201 |
| ... | ... |
| 300 | 1300 |
| 301 | 1301 |

---

【解説】　有効アドレスは
　　　200 +（ベースレジスタの内容）= 200+100 = 300 番地
である．したがって，300 番地の内容 1300 が GR にロードされる．
【解答】　エ

---- 例題 4.9 ----
命令の構成に関する記述のうち，適切なものはどれか．
ア　オペランドの個数は，その命令で指定する主記憶の番地の個数と等しい．
イ　コンピュータの種類によって命令語の長さは異なるが，一つのコンピュータでは，命令語の長さは必ず一定である．
ウ　命令語長が長いコンピュータほど，命令の種類も多くなる．
エ　命令は，命令コードとオペランドで構成される．ただし，命令の種類によってはオペランドがないものもある．

【解説】ア　オペランドの個数と主記憶の番地の個数とは無関係である．
　　　　イ　命令語の長さは命令の内容に依存する．
　　　　ウ　命令の語長と種類の多さとは無関係である．
【解答】エ

第4章のまとめ
1) 一般に，各種演算は汎用 a) 上でおこなう．
2) b) を用いたアドレス修飾をインデックス修飾という．
3) 主記憶からレジスタにデータを移すことを c) するという．
4) 逆に，レジスタから主記憶にデータを転送することは d) するという．
5) e) は命令の所在を基準としたアドレス方式である．
6) b) の値が5でアドレス部の値が150のとき，f) は155である．

復習問題　4

1　各レジスタが次の値を持っているとき，それぞれの場合の実効アドレスを求めなさい．

GR0　8　　GR1　100　　GR2　200

1) 指標レジスタ部＝2，アドレス部＝4000
2) 指標レジスタ部＝0，アドレス部＝3000

2 次の処理をおこなう命令を 16 進表現しなさい．ただし，命令は図 4.1 に示す形式であり，また，命令コードは表 4.1 に示すとおりである．

1) GR5 の内容と $(11FC)_{16}$ 番地の内容とで論理積をとる．
2) GR3 の内容を 2 ビット右に算術シフトする．

3 レジスタと主記憶の状態が次のとおりであるとする（値は 10 進数で表現している）．

| GR0 | 5 | GR1 | 3 | GR2 | 10 |

| 0 | 1 | 2 | 3 | 4 | 5 | 6 | 7 | ← アドレス |
|---|---|---|---|---|---|---|---|---|
| 1 | 2 | 3 | 4 | 5 | 6 | 7 | 8 | |

このとき，以下の命令を実行すると，どこにどのような値が設定されるか．

1) $(2100\ 0007)_{16}$ 　　　2) $(2521\ 0003)_{16}$

4 次の命令を 16 進表現しなさい．

1) OR　GR0, 1000 　　　2) SLL　GR5, 1, GR2

5 レジスタと主記憶の状態が次のとおりであるとする（値は 10 進数で表現している）．

| GR0 | 11 | GR1 | 3 | GR2 | 5 |

| 500 | 501 | 502 | 503 | 504 | 505 | 506 | 507 | ← アドレス |
|---|---|---|---|---|---|---|---|---|
| 1 | 2 | 3 | 4 | 5 | 6 | 7 | 8 | |

このとき，以下の命令を実行すると，どこにどのような値が設定されるか．

1) ST　GR2, 500, GR1 　　　2) XOR　GR0, 506

6 次の処理をおこなう命令をニモニックコードで記述しなさい．

1) 3000 番地の内容を GR0 にロードする．
2) GR1 の内容を 4500 番地にストアする．

3) GR2 に 6000 番地の内容を加える．

4) GR3 の内容を 4 ビット左に論理シフトする．

7  1000 番地に整数データ $n$ が登録されているとする．このとき，次の命令を順に実行すると 1000 番地の値はどのようになるか．
ただし，オーバフローはないものとする．

1)
```
LD   GR5,  1000
SLA  GR5,  2
ADD  GR5,  1000
ST   GR5,  1000
```

2)
```
LD   GR6,  1000
XOR  GR6,  1000
SUB  GR6,  1000
ST   GR6,  1000
```

# 第5章 各種ハードウェア

> この章では，主記憶装置，中央処理装置，補助記憶装置などのハードウェアについて解説する．各種装置に関するさまざまな用語が現れるので，一つ一つきちんと理解していこう．また，数々の計算方式も登場する．

## 5.1 主記憶装置

### 1.A) メモリの種類

　主記憶装置は単にメモリともいう．現在のコンピュータの中でメモリとして用いられている素材は半導体である．半導体を用いて，**集積回路**すなわちIC (Integrated Circuit) が作られている．ICはその集積度により，**LSI**(Large Scale Integration)，**VLSI**(Very Large Scale Integration)などと呼ばれている．メモリは，以下に示すように2種類に大別できる．

a) RAM

　RAM(Random Access Memory)とは，データの読み出しと書き込み（すなわち**アクセス**）が自由におこなえるメモリのことである．一般に，メモリといえばこのRAMを指す．ただし，RAMには，電源を切るとデータが消滅してしまうという性質がある．したがって，コンピュータを使用している最中に停電などが生じると，これまでの処理内容がすべて失われてしまう．

　RAMは，**DRAM**(Dynamic RAM)と**SRAM**(Static RAM)に分けることができる．DRAMは，アクセス速度は遅いものの，回路が比較的簡単でビットあたりの単価が安く，大容量のメモリにすることができるという特徴がある．そのため，主記憶装置の主流となっている．ただし，時間が経つと内容が消えていくため，数ミリ秒ごとに内容の書き直し（**リフレッシュ**という）をする必要がある．SRAMのほうは，アクセス速度が速く，高価格である．SRAMは後述のキャッシュメモリなどに使用される．

b) ROM

ROM は, Read Only Memory の略で, その名のとおり読み出し専用である. 原則として新たなデータの書き込みはできない. ROM の場合, 電源を切っても内容が消えないため, コンピュータを最初に動作させるための特殊なプログラムを記憶しておくメモリとして用いられている.

もっとも, 一度だけ書き込みのできる PROM（Programmable ROM）や, 紫外線を当てて内容を消去できる EPROM（Erasable PROM）などもある.

## 1.B) 記憶の単位

### a) 容量の単位

第 1 章で述べたように, 記憶の最小単位はビット（bit）であるが, 容量を表す単位としては, バイト（byte）が使われる. さらに, KB（ケーバイト）, MB（メガバイト）, GB（ギガバイト）などの単位が使用されている. 第 1 章に示した表を再度掲げておこう.

表 5.1 容量の単位

| 単 位 | 意 味 | 概算値 |
|---|---|---|
| ケーバイト(KB) | $2^{10}B=1024B$ | $10^3B=1000B$ |
| メガバイト(MB) | $2^{20}B=1024KB$ | $10^6B=$百万B |
| ギガバイト(GB) | $2^{30}B=1024MB$ | $10^9B=10$億B |
| テラバイト(TB) | $2^{40}B=1024GB$ | $10^{12}B=1$兆B |

最近では, パソコンのメモリでも GB の単位に移行してきている.

なお, ワード（語 ; word）という単位が用いられることもある. 1 ワードは 16 ビットかもしれないし, 32 ビットのことかもしれない. コンピュータによってその意味は異なるので, 注意が必要である.

### b) アドレス

アドレス（番地）とは, バイトもしくはワード単位にメモリに付けられる 0 からの一連番号のことである. すなわち, アドレスは 0 番地から始まる. メモリに登録されたプログラム内の命令やデータは, その領域のアドレスによって識別される. したがって, ハードウェアを理解する上でアドレスの概念は重要である.

---
**例題 5.1**

命令内のアドレス部が 10 ビットであるとすると，そのアドレス部で識別できるアドレスの最大値はいくつか．

---

【解説】 $2^{10} = 1024$ なので，このアドレス部の値は 0〜1023 の範囲となる．

【解答】 1023

問 5.1 命令内のアドレス部が 16 ビットであるとすると，そのアドレス部で識別できるアドレスの範囲を求めよ．

## 1.C) メモリの動作

### a) メモリの構成

メモリは，特定のアドレスにデータを記憶したり，逆に，特定のアドレスからデータを取り出したりしなければならない．そのため，メモリには，データやプログラムを登録する記憶部のほかに，次のような機構がある．

#### a.1) アドレス選択機構

アドレス選択機構とは，データをアクセスするためのアドレスを記憶部の中から選択するものである．対象となるアドレスは，メモリアドレスレジスタ（単にアドレスレジスタとも言う）の中に登録されている．

#### a.2) 読み出し・書き込み機構

これは，メモリアドレスレジスタで指定されたアドレスからデータを読み出したり，そのアドレスに書き込んだりするための機構である．

#### a.3) メモリレジスタ

メモリレジスタとは，記憶部から読み出したデータや，記憶部に書き込むためのデータを一時的に保持するためのレジスタである．ここではデータと記述したが，演算や入出力の対象となるデータのほかに機械語命令も含まれる．

### b) アクセス動作

#### b.1) データの読み出し

メモリ内のデータは演算などのために用いられる．そのために，データのアドレスが必要になる．CPU からアドレスが渡されると，読み出し機構が働いて，特定のデータが記憶部から読み出され，メモリレジスタに登録される．

そのときの様子を整理すると，次のようになる．.
① CPUは，対象となるデータのアドレスを，アドレス選択機構内のメモリアドレスレジスタに送る．
② アドレス選択機構は，そのアドレスを記憶部から選択する．
③ 読み出し機構は，選択されたアドレスからデータを読み込み，メモリレジスタに登録する．
④ メモリレジスタの内容をCPUに送る．

b.2) **データの書き込み**

一方，演算結果を記憶部に登録したり，データを外部から入力した場合には，書き込みが行われる．
① 対象となるデータをメモリレジスタに登録する．
② 対象となるデータのアドレスを，アドレス選択機構内のメモリアドレスレジスタに送る．
③ アドレス選択機構は，そのアドレスを記憶部から選択する．
④ 書き込み機構は，メモリレジスタ内のデータを取り出し，選択されたアドレスに書き込む．

c) **動作速度**

メモリの動作速度を表すものとしては，アクセス時間（呼び出し時間）とサイクル時間がある．時間の単位としては，$\mu s$（マイクロ秒＝$10^{-6}$秒）やns（ナノ秒＝$10^{-9}$秒），ps（ピコ秒＝$10^{-12}$秒）などが使われる．

c.1) **アクセス時間**

これは，CPUなどからデータのアクセス要求が出されてから，データの授受が完了するまでに要する時間のことである．テキストによっては，データ転送時間をアクセス時間に含めていないものもある．

c.2) **サイクル時間**

サイクル時間とは，アクセス要求から次のアクセス要求までに要する時間のことである．したがって，

（サイクル時間）≧（アクセス時間）

という式が成立する．

## 1.D) メモリインタリーブ

　メモリのサイクル時間は CPU のサイクル時間より遅いため，CPU は，しばしば，メモリの動作が完了するまで待たされてしまう．このままではコンピュータ全体の効率が悪くなってしまう．そこで，メモリのアクセスを高速化する方法として考え出されたのが，メモリインタリーブである．

　この方法は，独立して動作することのできるバンクと呼ばれる装置を組み合わせて主記憶装置を構成するというものである．それぞれのバンクには，独立したアドレス選択機構や読み出し・書き込み機構が付いている．異なるバンク内のデータのアクセスは並列におこなうことができ，その結果，全体として動作速度が上がることになる．

## 1.E) キャッシュメモリ

　メモリと CPU の速度差を埋める別の方法としてキャッシュメモリがある．キャッシュメモリは，主記憶よりアクセス速度の速い RAM であり，主記憶と CPU の間に置かれる．アクセス頻度の高いデータをキャッシュメモリに置くことにより，全体としての効率を高めることができる．なお，アクセスの対象となるデータがキャッシュメモリに存在する確率をヒット率という．

　ヒット率を $r$ とすると，平均アクセス時間は，

$$r \times キャッシュメモリのアクセス時間 + (1-r) \times 主記憶のアクセス時間$$

となる．

---
**例題 5.2**

　主記憶のアクセス時間が 500 ナノ秒で，キャッシュメモリのアクセス時間が 50 ナノ秒であるとき，平均アクセス時間を求めよ．ただし，ヒット率は 0.9 とする．

---

【解説】 $r=0.9$ として，上記の公式を用いると，
$$0.9 \times 50 + (1-0.9) \times 500 = 45 + 50 = 95 \text{ ナノ秒}$$
となる．

【解答】 95 ナノ秒

問 5.2　主記憶のアクセス時間が 400 ナノ秒，キャッシュメモリのアクセス時間が 30 ナノ秒のとき，平均アクセス時間を求めよ．ただし，ヒット率は 0.95 とする．

## 5.2　中央処理装置

### 2.A)　CPU の構成要素

中央処理装置（CPU ; Central Processing Unit）には，演算のための構成要素と制御のための構成要素とがある．これらは，密接にかかわり合って，全体として所定の処理を実行できるようになっている．

#### a)　演算回路

算術演算や論理演算を行うための回路で，演算装置内に置かれている．具体的には，加算器，乗算器，補数器などがある．

#### b)　汎用レジスタ（General Register）

汎用レジスタは，一種の小規模な記憶装置で，いくつかの目的のために用いられる．そのひとつが，**アキュムレータ**（Accumulator）としてである．これは，演算のためのデータを一時記憶するためのものである．演算はすべてアキュムレータ上で行われる．メモリ上のデータを直接演算することはできない．そのため，メモリ上のデータに演算を施したいときには，そのデータをアキュムレータに登録する（ロードする）必要がある．

汎用レジスタのもう一つの用途が，指標レジスタである．汎用レジスタを指標レジスタとして指定することで，第 4 章で述べたインデックス修飾をおこなうことができる．．

#### c)　プログラムレジスタ

実行する機械語命令はすべて主記憶に置かれる．各命令を実行する際は，その命令が置かれている主記憶のアドレスが必要となる．そのアドレスを保持するのが**プログラムレジスタ**である．プログラムレジスタは，**プログラムカウンタ**，**命令カウンタ**，**逐次制御カウンタ**，**命令アドレスレジスタ**などと呼ばれることもある．ある命令が実行されると，プログラムレジスタは次の命令のアドレスを持たなければならない．そのため，実行された命令が $n$ 語

命令だとすると，その命令の実行後プログラムカウンタは +n されなければならない．ただし，実行された命令が分岐命令の場合には，その命令における実効アドレスが登録される．すなわち，分岐命令とはプログラムレジスタの値を変更する命令である．

d) **デコーダ（Decoder）**

主記憶から取り出された命令の内容を解読し，所定の回路に働きかけるための装置である．**解読器**ともいわれる．

e) **アドレス演算部**

実効アドレスを計算するための装置である．

f) **命令レジスタ**

これは，主記憶から読み出した命令を登録しておくためのレジスタである．デコーダは，この命令レジスタにある命令を解読する．

## 2.B) CPU の動作

CPU は，命令の選択，命令の読み出し，命令の解読，命令の実行を繰り返す．これを**命令サイクル**という．なお，命令の選択・読み出しのことを，命令の取り出し（フェッチ；fetch）ということがある．

一つの命令を実行するときの CPU の動作を，もう少し細かく見ていくことにする．図 5.1 を見ながら，以下の説明を読んでほしい．

① プログラムレジスタにあるアドレスを主記憶のメモリアドレスレジスタに移す．
② 主記憶は，指定されたアドレスにある命令をメモリレジスタに移す．
③ メモリレジスタの内容を命令レジスタに移す．
④ デコーダにより，命令内の命令コード部を解読し，必要となる回路を選択する．

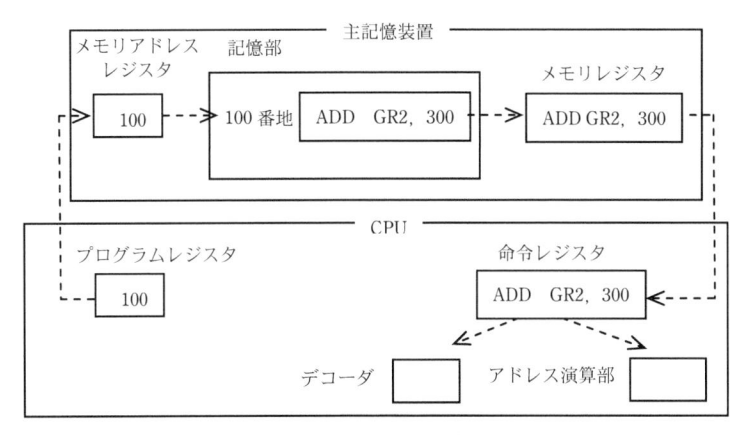

図5.1 CPUの動作

⑤ 一方，命令のアドレス部からアドレスを取り出し，実効アドレスを求め，主記憶のメモリアドレスレジスタにセットする．
⑥ 主記憶は，指定されたアドレスにあるデータをメモリレジスタに移す．
⑦ 所定の演算を行う．
⑧ プログラムレジスタを変更する（$n$ 語命令のときに $+n$ する）．

ただし，既に述べたように，分岐命令の場合は，⑦，⑧のかわりに，その分岐命令における実効アドレスがプログラムレジスタにセットされる．

## 2.C) パイプライン処理

一つの命令の読み出し，解読，実行を終了して，次の命令の実行に移る方式を逐次制御方式という

図5.2 逐次制御方式

（図5.2）．逐次制御方式ではCPUに空き時間が生じてしまう．そこで，考え出されたのが，先行制御方式である．パイプライン処理は，この先行制御方式により複数の命令を並列に処理する．

図5.3 パイプライン処理

簡単なモデルを考えよう．命令の処理は，
  ① 主記憶からの命令の読み出し
  ② 命令の解読
  ③ 主記憶からのデータの読み出し
  ④ 命令の実行

の4ステップとみなすことができる．ところが，①と③ではCPUは動作していないし，②と④では主記憶にアクセスしていない．したがって，これらのステップを並列に処理することができれば，全体的な効率は高まる．実際，パイプライン処理では，②の実行時に次の命令の①を並列処理する（図5.3）．

したがって，1ステップに1ナノ秒かかるとすると，逐次制御方式の場合，3命令で12ナノ秒かかるが，パイプライン処理では3命令の実行時間は6ナノ秒で済む．

ただし，パイプライン処理では順序よく実行できることが前提条件である．分岐命令が多くて順序よく実行できないプログラムでは効率的でなくなってしまう．

## 2.D) RISCとCISC

パイプライン処理をおこなうには，命令の長さと実行時間は一定でなければならない．そこで，命令を単純化し，命令の長さと実行時間を一定になるように設計されたコンピュータが出現した．このコンピュータをRISC（Reduced Instruction Set Computer；リスク）という．一方，固定小数点命令や浮動小数点命令など多数の命令群を持ち，命令の長さや実行時間にばらつきのある従来のコンピュータをCISC（Complex Instruction Set Computer；シスク）という．

RISCは主にワークステーションで採用されている方法であるが，最近ではパソコンでも取り入れられてきている．

## 2.E) CPUの性能

CPUの性能を量る尺度としてMIPS値がある．MIPSとはMillion Instruction Per Secondの略で，1MIPSは「1秒間に百万個の機械語命令を実行できる」

ことを意味している．この数値が高いほど性能がよいといえる．

---
**例題 5.3**

3種類の命令群を持ち，それぞれの実行速度と出現頻度が右表のとおりであるコンピュータのMIPS値を求めなさい．

| 命令群 | 実行速度 | 出現頻度 |
|---|---|---|
| A | 1ナノ秒 | 40% |
| B | 2ナノ秒 | 30% |
| C | 5ナノ秒 | 30% |

---

【解説】　まず，実行速度と出現頻度の積和を求める．これが平均実行速度となる．MIPS値はその逆数である．なお1ナノ秒は$10^{-9}$秒である．

【解答】　平均実行速度 $= 1×0.4 + 2×0.3 + 5×0.3 = 2.5$ナノ秒

$$\text{MIPS値} = \frac{1個}{2.5ナノ秒} = \frac{1個}{2.5×10^{-9}秒} = \frac{1×10^9個}{2.5秒} = 400×10^6個／秒$$

$$= 400\text{MIPS}$$

問 5.3　3種類の命令群を持ち，それぞれの実行速度と出現頻度が右表のとおりであるコンピュータのMIPS値を求めなさい．

| 命令群 | 実行速度 | 出現頻度 |
|---|---|---|
| A | 2ナノ秒 | 40% |
| B | 4ナノ秒 | 40% |
| C | 5ナノ秒 | 20% |

なお，パソコンではMHz（メガヘルツ）で性能を表すことが多い．1MHzは1秒間に百万回の周波数を意味する．

## 2.F)　各種制御

CPUは，いろいろな制御を行っている．ここでは，そのうち割込みとパリティチェックについて述べる．

### a)　割込み

何らかの理由によりプログラムの実行を中断し，後に再開できる状態にして他のプログラムの実行に移ることを**割込み**という．

割込みにはいろいろな種類があるが，そのうち主なものを以下に掲げる．

- ユーザプログラム内で，OS（オペレーティングシステム）を呼び出す命令を実行し，OSに仕事をさせる場合

- コンピュータのオペレータがコンソールパネル上の割込みキーを押した場合
- 入出力の動作が完了した場合
- 定義されていない命令を実行しようとした場合
- 演算により異常が生じた場合

これら割込みを有効に活用することによって，多重プログラミングなどの高度な処理を行うことができる．

b) **パリティチェック**

b.1) **パリティビット**

コンピュータの内部では装置間でデータがやりとりされる．その際，雑音等によりデータが変化してしまう可能性もある．そのようなデータ転送における誤りを検出する方法の一つが，パリティチェックである．

パリティチェックでは，一定量のビット数のデータに対し，1ビット余分なビット（パリティビット）を付加する．全体の1の個数が偶数となるようにパリティビットの値を設定する方法を**偶数パリティ**，奇数となるようにパリティビットの値を設定する方法を**奇数パリティ**という．

例えば，7ビット毎に最後尾にパリティビットを付加する場合を考えてみよう．以下では，

$\boxed{0100\ 001}$, $\boxed{0110\ 111}$

を例にとる．偶数パリティの場合には，以下のようにパリティビットが付加される．

＜例＞

$\boxed{0100\ 001}$ $\boxed{0}$      $\boxed{0110\ 111}$ $\boxed{1}$
             ↑                      ↑
      パリティビット      パリティビット

$(0100\ 001)_2$の場合1の個数はすでに偶数なのでパリティビットの値は0である．一方，$(0110\ 111)_2$の場合，1の個数は奇数なのでパリティビットを1にして全体の1の個数を偶数にする．

このように，パリティビットを付加してデータを転送する．そうすると，受け取り側の装置で，ビットの誤りが検出できる場合がある．

一般には，パリティチェックでは，奇数個のビット誤りは検出できるが，偶数個の場合は検出できない．

---
**例題 5.4**

次のビット列の最後尾にパリティビットを付加しなさい．ただし，偶数パリティとする．

1) 0101 101　　　2) 1001 111　　　3) 0010 000

---

【解説】　各ビット列における1の個数を数えればよい．偶数パリティなので，全体の1の個数が偶数となるようにパリティビットを付加する．

【解答】　1) 0101 1010　　　2) 1001 1111　　　3) 0010 0001

問 5.4　次のビット列の最後尾にパリティビットを付加しなさい．ただし，偶数パリティとする．

　　1) 0111 010　　　2) 0011 111　　　3) 0000 011

### b.2)　水平垂直パリティチェック

パリティチェックを複数組み合わせることにより，ビットの誤りを検出するだけでなく，そのビットを自動修正できる場合がある．そのひとつの方法が，水平垂直パリティチェックである．これは，複数のビット列を縦に並べ，縦横の両方にパリティビットを付加するというものである．

例えば，以下のビット列を考えてみよう．

$$1000\quad 101$$
$$0010\quad 110$$
$$0111\quad 001$$

行と列の両方にパリティビットを付けるので次のようになる．
なお，ここでも偶数パリティとした．

```
                  ↙ パリティビット
       1000   101 │ 1
       0010   110 │ 1
       0111   001 │ 0
       ─────────────
       1101   010 │ 0  ← パリティビット
```

### 第5章 各種ハードウェア

---
**例題 5.5**

次のビット群の縦横にパリティビットを付加しなさい．ただし，偶数パリティとする．

1) 1000 011
   0110 100
   0011 101

2) 0110 111
   1110 010
   1100 110

---

【解説】 各行，各列の1の個数を数え，偶数となるようにパリティビットを付加する．

【解答】
1) 1000 011 1
   0110 100 1
   0011 101 0
   1101 010 0

2) 0110 111 1
   1110 010 0
   1100 110 0
   0100 011 1

問 5.5 次のビット群の縦横にパリティビットを付加しなさい．ただし，偶数パリティとする．

1) 1101 000
   0000 100
   0010 111

2) 0101 010
   1101 000
   0111 010

このようにビット列を拡張してそれを転送する．そうすると1ビットの誤りがあったとしても，その場所を検出でき，自動修正できる．例えば，次のビット列が届いたとしよう．

```
1000 101 | 1
0010 010 | 1
0111 001 | 0
1101 010 | 0
```

各行，各列の1の個数を調べてみると2行目と5列目がおかしい（1の個数が偶数ではない）ことがわかる．これは，2行目と5列目の交点にあるビット0が1でなければならないことを意味している．このように，水平垂直パリティチェックでは，1ビットの誤りは検出できるだけでなく受信側で自動修正することもできるのである．

---
**例題 5.6**

次のビット群を受け取ったが，1 ビットの誤りがある．どこをどのように修正すればよいか．ただし，偶数パリティとする．

1)　1110 1011　　　　　2)　0001 1010
　　1011 0100　　　　　　　 0111 1000
　　0100 1010　　　　　　　 1000 1000
　　0001 1101　　　　　　　 1110 1110

---

【解説】　各行，各列の 1 の個数を数えてみよう．ほとんどは偶数のはずであるが，奇数となっている部分がある．奇数個となっている行と列の交差している箇所が誤りである．

【解答】　1)　3 行目 5 列目の 1 を 0 にする．
　　　　　2)　1 行目 6 列目の 0 を 1 にする．

問 5.6　次のビット群を受け取ったが，1 ビットの誤りがある．どこをどのように修正すればよいか．ただし，偶数パリティとする．

1)　$(3F)_{16}$　　　　　2)　$(62)_{16}$
　　$(61)_{16}$　　　　　　　$(F0)_{16}$
　　$(CF)_{16}$　　　　　　　$(78)_{16}$
　　$(B1)_{16}$　　　　　　　$(EB)_{16}$

## 5.3　補助記憶装置

ここでは，フロッピィディスクやハードディスクなどの補助記憶装置について解説する．補助記憶装置における容量計算や時間計算などの計算問題も含めているので，それら計算方法をしっかり学習しよう．

### 3.A)　補助記憶装置の種類

補助記憶装置はその名の通り主記憶装置を補助するもので，外部記憶装置，2 次記憶装置ともいう．補助記憶装置には以下のものがある．

## a) ハードディスク装置

　ハードディスク装置は，1枚または複数枚の円盤（ディスク）から構成されている．各円盤の表面は磁性体でコーティングされており，その表面上にデータが記録される．データは円周上に記録される．この円周のことを**トラック**という（図5.4）．

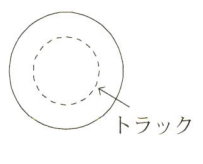

図5.4　トラック

　1つの円盤の表面には，複数の同心円すなわちトラックがある．各トラックは半径が異なるのでその長さも異なるが，1トラックあたりの記録容量は変わらない．

　各円盤には**磁気ヘッド**が付いている．これは，**アーム**によって一定方向に動くようになっている．また，円盤は一定のスピードで回転する．そのため，磁気ヘッドの位置づけられたトラックのデータのみがアクセスできる．他のトラックのデータをアクセスしたいときには，アームを動かして，そのトラックに磁気ヘッドを位置づけなければならない．

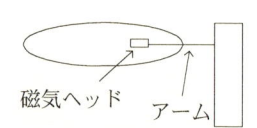

図5.5　ヘッドとアーム

　なお，同一の半径を持つトラックの集まりを**シリンダ**という．シリンダもデータをアクセスする単位である．なぜなら，同一シリンダ内のトラックにあるデータをアクセスする場合は，アームを動かす必要がないからである．

　ディスクの容量を表す単位としては，すでに述べたMB（メガバイト），GB（ギガバイト），さらにはTB（テラバイト）などがある．

## b) フロッピィディスク装置

　フロッピィディスク装置は，パソコンやワープロなどで一般的に用いられている補助記憶装置で，**ディスケット**，**フレキシブルディスク**などとも呼ばれている．フロッピィディスク装置の機構は，基本的には，ハードディスク装置とかわりないが，記録密度は低い．

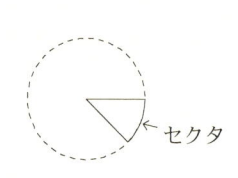

図5.6　セクタ

　フロッピィディスクにおけるトラックは，等角に区分された**セクタ**に分けられている．すなわち，フロッピィディスクの場合セクタがアクセスの単位

である．

フロッピィディスクの大きさとしては，8インチ，5インチなどもあったが，最近では3.5インチ2HD(高密度倍トラック両面型)がよく用いられている．記憶容量は約1MBである．

c) CD-ROM装置

CD-ROMは，ハードディスク装置とよく似た機構であるが，光の反射によってデータを読みとる方式の補助記憶装置である．ROMとあるように，これは読み取り専用で書き込みはできない．CD-ROMの記憶容量は約600MBあり，音声データや画像データの記録に向いている．ソフトウェアの提供などはこのCD-ROMで行われるようになってきている．

最近では，一度だけ書き込みができるCD-R，何度も書き込みができるCD-RWなども登場している．

d) 光磁気ディスク装置

光磁気ディスク（MO）も，CD-ROMと同様に光の反射を応用した装置であるが，磁力を与えることによりデータの書き込みが可能である．そのアクセススピードはハードディスクほどではないが，フロッピィディスクよりは早く，記憶容量も数百MBから数GBである．

e) DVD装置

画像データ登録用として最近登場した大容量のディスクである．書き込みのできないDVD-ROM，何度でも読み書きできるDVD-RW，DVD-RAMなどがある．容量としては，約4.7GB，9.4GBなどがある．

## 3.B) 容量計算

a) 装置全体

装置全体の容量を求めるには，トラックやシリンダの記憶容量が必要である．なお，ここでは，簡単のため，1MBは$10^6$B，1GBは1000MBとする．

---
例題 5.7
---

次のハードディスクの記憶容量を求めなさい．

| 1トラック当たりの記憶容量 | 240000B |

| 1シリンダ内のトラック数 | 2 |
| シリンダ数 | 10000 |

【解説】 上記3つの数値をすべてかけ合わせればよい.

【解答】 240000×2×10000 = 4,800,000,000 = 4.8GB

問 5.7 次のハードディスクの記憶容量を求めなさい.

| 1トラック当たりの記憶容量 | 360000B |
| 1シリンダ内のトラック数 | 2 |
| シリンダ数 | 20000 |

―― 例題 5.8 ――――――――――――――――――――――

次のフロッピィディスク（両面）の記憶容量を求めなさい．．

| セクタ長（1セクタの記憶容量） | 1000B |
| 1トラック当たりのセクタ数 | 10 |
| 1面当たりのトラック数 | 80 |

――――――――――――――――――――――――――――

【解説】 これも単純な掛け算である．ただし，両面なので最後に2倍することを忘れないように.

【解答】 1000×10×80×2 = 1,600,000 = 1.6MB

問 5.8 次のフロッピィディスク（両面）の記憶容量を求めなさい.

| セクタ長 | 250B |
| 1トラック当たりのセクタ数 | 10 |
| 1面当たりのトラック数 | 200 |

## b) データの容量計算

ソフトウェアで処理するデータの一単位をレコード，装置の物理的なアクセス単位をブロックという．各ブロックは複数のレコードから構成される．その場合，ブロックに含まれるレコードの件数をブロック化係数またはブロッキングファクタという．

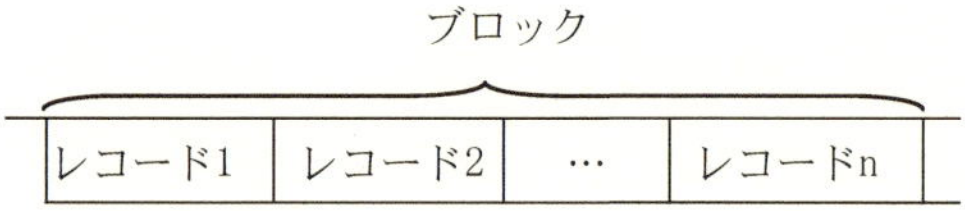

```
       ブロック
┌─────┬─────┬───┬─────┐
│レコード1│レコード2│ … │レコードn│
└─────┴─────┴───┴─────┘
```
図5.7　ブロックとレコード

```
┌───┬─────┬───┬─────┬───┐
│IBG│ブロック│IBG│ブロック│IBG│
└───┴─────┴───┴─────┴───┘
```
図5.8　ブロックとIBG

フロッピィディスクのようなセクタ方式の装置では，ブロックはセクタ単位に登録されるので，セクタ単位のアクセスとなる．それ以外の装置の場合，ブロック毎に制御情報（ブロック間隔，IBGという）が付加されるので，IBGを含めたブロックがアクセス単位となる．

---

**例題 5.9**

レコード長が100Bのデータが2000件ある．これを，ブロック化係数2で右のフロッピィディスクに登録するとき，何トラック必要か．

| セクタ長 | 250B |
|---|---|
| 1トラック内のセクタ数 | 10 |
| 1面のトラック数 | 1000 |

---

【解説】 ブロック化係数が2なので，ブロック長は100×2 = 200B である．
一方，セクタ長が250Bであり，1ブロックが1セクタにちょうど入る（250 − 200 = 50B は使用しない）．
すなわち，1セクタに2レコード入ることになる．

【解答】 1セクタ内のレコード数 = 2 件
1トラック内のレコード数 = 2×10 = 20 件
必要なトラック数 = 2000÷20 = 100 トラック

**問5.9** レコード長80Bのデータをブロック化係数3で例題5.9のフロッピィディスクに登録したい．1枚のフロッピィディスク（両面）には，何件のデータが入るか．

---

**例題 5.10**

レコード長が900Bのデータ10000件を右のディスクに登録したい．何シリンダ必要となるか．ただし，ブロック化係数は2とする．

| 1トラック当たりの記憶容量 | 20000B |
|---|---|
| 1シリンダ当たりのトラック数 | 10 |
| シリンダ数 | 10000 |
| IBG | 200B |

---

【解説】 このような問題では，以下に示す手順で答を計算する．ブロック化係数が2であることと，IBGが200Bであることが計算のポイントである．

【解答】　1ブロックに必要な容量　＝ 900×2 ＋ 200 ＝ 2000B
　　　　　1トラック内のブロック数　＝ 20000÷2000 ＝ 10 ブロック
　　　　　1トラック内のレコード数　＝ 10×2 ＝ 20 件
　　　　　1シリンダ内のレコード数　＝ 20×10 ＝ 200 件
　　　　　必要なシリンダ数　＝ 10000÷200 ＝ 50 シリンダ

問5.10　レコード長が600Bのデータ3000件をブロック化係数3で例題5.10のディスクに登録したい．何シリンダ必要となるか．

---
**一口メモ（画像データ）**

色の種類を8ビット（すなわち1バイト）で表したとすると，$2^8=256$ なので，256色を表現できる．16ビット（2バイト）で表したとすると，$2^{16}=65536$ なので，65536色を表現できる．

したがって，画面が，縦1024ドット，横1024ドットの場合，色情報が16ビットであれば

$$1024 \times 1024 \times 16 \text{ ビット} = 2^{10} \times 2^{10} \times 2B = 2MB$$

より，画面全体の画像データは2MBとなる．

---

## 3.C)　時間計算

ディスクのアクセスには平均位置決め時間，平均回転待ち時間，データ転送時間という3種類の時間がかかる．したがって，

> 平均アクセス時間＝
> 　　平均位置決め時間＋平均回転待ち時間＋データ転送時間

となる．

### a)　位置決め時間

これは，ポジショニング時間またはシーク時間ともいい，磁気ヘッドが所定のトラック上にくるまでにかかる時間のことである．

位置決め時間は，はじめにどのトラック上にあるかによって変わるので，通常は，平均値が使われる．平均位置決め時間は装置に固有のものである．

b) **回転待ち時間**

ディスクは回転しているので，所定のデータが磁気ヘッドの位置にくるまで待たなければならない．そのために要する時間が回転待ち時間である．データが磁気ヘッドのすぐそばまできているときは待ち時間はほとんどないが，いきすぎたばかりの状態では1回転してくるまで待たなければならない．そのため，回転時間でも平均値が使われる．一般には，

$$\text{平均回転待ち時間} = \frac{1}{2} \times 1\text{回転に要する時間}$$

となる．なお，1回転に要する時間は，回転速度の逆数である．

c) **データ転送時間**

磁気ヘッドが所定のデータの読み出しまたは書き込みに要する時間である．これは，データ長（データのバイト数）に依存するが，またディスクのデータ転送速度にも関係している．

データ転送速度は回転速度とトラック当たりの記憶容量から計算できる．

---
**例題 5.11**

ディスクの回転速度が6000回転／分のとき，平均回転待ち時間（単位：ミリ秒）を求めなさい．

---

【解説】 まず1回転に要する時間を求めなければならないが，これは回転速度の逆数である．なお，1秒＝1000ms（ミリ秒）である．

【解答】 1回転に要する時間 $= \dfrac{1}{\text{回転速度}} = \dfrac{1\text{分}}{6000\text{回転}} = \dfrac{60 \times 1000 \text{ミリ秒}}{6000\text{回転}}$

$= 10$ ミリ秒

したがって，平均回転待ち時間 $= 10$ ミリ秒 $\div 2 = 5$ ミリ秒

**問 5.11** ディスクの回転速度が7500回転／分のとき，平均回転待ち時間を求めなさい．

---
**例題 5.12**

次の仕様のディスクにおけるデータ転送速度（単位：B／ms）を求めなさい．

| トラック当たりの記憶容量 | 24000B |
|---|---|
| 回転速度 | 6000 回転／分 |

【解説】 1回転で24000Bをアクセスできるわけであるから，データ転送速度は24000B×6000回転／分．なお，ここでも1秒＝1000msを用いる．

【解答】 データ転送速度＝24000×6000B／分

$$= \frac{24000 \times 6000 B}{1 分} = \frac{24000 \times 6000 B}{60 \times 1000 ms} = 2400 B/ms$$

問 5.12 次の仕様のディスクにおけるデータ転送速度（単位：B／ms）を求めなさい．

| トラック当たりの記憶容量 | 36000B |
|---|---|
| 回転速度 | 7500 回転／分 |

―― 例題 5.13 ――

次の仕様のディスクに，ブロック長 4800B のデータが登録されている．このブロックの平均アクセス時間を求めなさい．

| トラック当たりの記憶容量 | 24000B |
|---|---|
| 回転速度 | 6000 回転／分 |
| 平均シーク時間 | 10ms |

【解説】 平均アクセス時間

＝ 平均シーク時間＋平均回転待ち時間＋データ転送時間

平均回転待ち時間は例題5.11ですでに計算している（5msである）．データ転送時間はデータ量をデータ転送速度で割ればよい．データ転送速度も例題5.12で計算している（2400B/msである）．

【解答】平均アクセス時間＝$10 + 5 + \frac{4800}{2400} = 10 + 5 + 2 = 17$ms

問 5.13 次の仕様のディスクにおける，ブロック長9000Bのデータが登録されている．このブロックの平均アクセス時間を求めなさい．

| トラック当たりの記憶容量 | 36000B |
|---|---|
| 回転速度 | 7500 回転／分 |
| 平均シーク時間 | 5ms |

## 5.4 既往問題

---
**例題 5.14**

プロセッサにおけるパイプライン処理方式に関する説明として，適切なものはどれか．

ア　単一の命令をもとに，複数のデータに対して複数のプロセッサが同期をとりながら並列的にそれぞれのデータを処理する方式

イ　一つのプロセッサにおいて，単一の命令に対する実効時間をできるだけ短くする方式

ウ　一つのプロセッサにおいて，複数の命令を少しずつ段階をずらしながら同時実行する方式

エ　複数のプロセッサが，それぞれ独自の命令をもとに複数のデータを処理する方式

---

【解説】　パイプライン処理では，複数の命令を少しずつずらしながら並列に実行する．

【解答】　ウ

---
**例題 5.15**

数値演算処理をおこなうサブプログラムAでは，合計 100,000 命令が実行される．このサブプログラムで実行される演算命令に必要なクロックサイクル数と，各演算命令の構成比率は表の通りである．クロック周波数が 100MHz のプロセッサでサブプログラムAを実行するために必要な時間は何ミリ秒か．

| 演算命令 | 必要なクロックサイクル数 | 構成比率（％） |
|---|---|---|
| 浮動小数点加算 | 3 | 18 |
| 浮動小数点乗算 | 5 | 10 |
| 浮動小数点除算 | 20 | 5 |
| 整数演算 | 2 | 67 |

ア　0.4175　　イ　3.38　　ウ　41.75　　エ　338

---

【解説】 平均クロックサイクル数
=3×0.18+5×0.1+20×0.05+2×0.67＝3.38
なので，100,000命令の総クロックサイクル数は
3.38×100000＝338000 となる．したがって，求める時間は
$$\frac{338000}{100\times 10^6}秒＝\frac{338000\times 1000}{100\times 1000000}ms＝3.38ms$$

【解答】 イ

---

**例題 5.16**

割込みが発生すると，あるアドレスが退避され，割込み処理が実行される．割込み処理が完了すると，退避されていたアドレスが復帰され，割込み直前に実行していたプログラムの実行が再開される．退避されていたアドレスはどれか．

ア　割込みが発生したときに実行していた命令のアドレス
イ　割込みが発生したときに実行していた命令の次の命令のアドレス
ウ　割込み処理の最後の命令のアドレス
エ　割込み処理の先頭の命令のアドレス

---

【解説】 退避されていたアドレスは，割込み後の再開時に実行されるアドレスである．それは，割込み時に実行していた命令の次の命令のアドレスである．

【解答】 イ

---

**例題 5.17**

キャッシュメモリに関する記述のうち，適切なものはどれか．

ア　キャッシュミスが発生すると割込みが発生し，主記憶からの転送処理が実行される．
イ　キャッシュメモリの転送ブロックの大きさを仮想記憶のページと同じにしておくと，プログラムの実行効率がよくなる．
ウ　キャッシュメモリはプロセッサと同じ半導体素子で構成されており，高速アクセスが可能であるので，機能的には汎用レジスタと同

様に扱える．
  エ　主記憶のアクセス時間とプロセッサの処理時間のギャップが大きいマシンでは，一次キャッシュ，二次キャッシュと多レベルのキャッシュ構成にするとより効率が大きい．

【解説】　キャッシュメモリは主記憶とCPUとの速度差を埋めるための方式である．一次キャッシュ，二次キャッシュと多段階にする方が効率は高まる．

【解答】　エ

---

#### 例題 5.18

キャッシュメモリのアクセス時間が，主記憶のアクセス時間の 1/10 であり，キャッシュメモリのヒット率が80%であるとき，主記憶の実行アクセス時間は，キャッシュメモリを使用しない場合の何%か．
　　ア　8　　イ　20　　ウ　28　　エ　40

【解説】　主記憶のアクセス時間を $x$ とすると，キャッシュメモリのアクセス時間は $0.1x$ なので，平均アクセス時間は $0.8 \times 0.1x + (1-0.8)x = 0.28x$ となる．

【解答】　ウ

---

#### 例題 5.19

CISC の特徴に関する記述として，適切なものはどれか．
  ア　固定小数点命令，10 進演算命令などの命令群が用意されている．
  イ　命令セットが単純化されているので，ワイヤードロジックでの実現が比較的容易である．
  ウ　命令長が固定であり，命令でコードの論理が簡単である．
  エ　メモリ参照命令をロード命令およびストア命令に限定している．

【解説】　CISCはRISCと違って，固定小数点命令，浮動小数点命令，10 進演算命令など，多種多様な命令を持つ方式である．

【解答】　ア

―― 例題 5.20 ――
　7ビットの文字コードの先頭に1ビットの偶数パリティビットを付加するとき，文字コード 30, 3F, 7A にパリティビットを付加したものはどれか．ここで，文字コードは 16 進数で表している．
　　ア　30, 3F, 7A　　　　イ　30, 3F, FA
　　ウ　B0, 3F, FA　　　　エ　B0, BF, 7A

【解説】　3つの文字コードそれぞれを2進数で表してみるとよい．

$$(30)_{16} = (011\ 0000)_2,\ (3F)_{16} = (011\ 1111)_2,\ (7A)_{16} = (111\ 1010)_2$$

より，$(30)_{16}$ と $(3F)_{16}$ の先頭には 0 を，$(7A)_{16}$ の先頭にのみ 1 を付加しなければならない．

【解答】　イ

―― 例題 5.21 ――
　1件のトランザクションについて 80 万ステップの命令実行を必要とするシステムがある．プロセッサの性能が 20MIPS で，プロセッサの使用率が 80%のときのトランザクションの処理能力（件／秒）はいくらか．
　　ア　2　　　　イ　20　　　　ウ　25　　　　エ　31

【解説】　1MIPSは1秒間に百万ステップ実行する能力を表す．したがって，

$$\frac{20 \times 10^6 \times 0.8 \text{ステップ／秒}}{80 \times 10000 \text{ステップ／件}} = 20 \text{件／秒}$$

となる．

【解答】　イ

―― 例題 5.22 ――
　コンピュータの高速化技術の一つであるメモリインタリーブに関する記述として，適切なものはどれか．
　　ア　主記憶と入出力装置，または主記憶同士のデータの受け渡しを
　　　　CPU 経由でなく直接やりとりする方式
　　イ　主記憶にデータを送り出す際，データをキャッシュに書き込み，
　　　　キャッシュがあふれたときに主記憶に書き込む方式

ウ 主記憶のデータの一部をキャッシュにコピーすることによって，レジスタと主記憶とのアクセス速度の差を縮める方式
エ 主記憶を複数の独立して動作するグループに分けて，各グループに並列にアクセスする方式

【解説】 メモリインタリーブは，主記憶を並列動作するバンクに分け，全体として効率を高める方式である．

【解答】 エ

── 例題 5.23 ──
SRAM と比較した場合の DRAM の特徴はどれか．
ア SRAM よりも高速なアクセスが実現できる．
イ データを保持するためのリフレッシュ動作が不要である．
ウ 内部構成が複雑になるので，ビット当たりの単価が高くなる．
エ ビット当たりの面積を小さくできるので，高集積化に適している．

【解説】 DRAMは構造が簡単なので，単価が安く，高集積化が可能である．

【解答】 エ

── 例題 5.24 ──
CPU のパイプライン処理を有効に機能させるプログラミング方法はどれか．
ア サブルーチンの数をできるだけ多くする．
イ 条件によって実行する文が変わる CASE 文を多くする．
ウ 分岐命令を少なくする．
エ メモリアクセス命令を少なくする．

【解説】 パイプライン処理は，分岐命令が少ない方が有効である．

【解答】 ウ

### 例題 5.25

表は，あるコンピュータの命令ミックスである．このコンピュータの処理性能は約何 MIPS か．

| 命令種別 | 実行速度（マイクロ秒） | 出現頻度（％） |
|---|---|---|
| 整数演算命令 | 1.0 | 50 |
| 移動命令 | 5.0 | 30 |
| 分岐命令 | 5.0 | 20 |

ア　0.1　　　イ　0.3　　　ウ　1.1　　　エ　3.0

【解説】 平均実行速度を求め，その逆数をとればよい．実際，

平均実行速度 $=1.0\times0.5+5.0\times0.3+5.0\times0.2$

$\qquad\qquad\quad =0.5+1.5+1.0=3.0$ マイクロ秒

なので，$\dfrac{1ステップ}{3.0マイクロ秒}=\dfrac{1ステップ}{3.0\times10^{-6}秒}=\dfrac{10^6ステップ}{3.0秒}\fallingdotseq 0.3\text{MIPS}$

となる．

【解答】 イ

### 例題 5.26

プロセッサが割込みを発生するのはどの場合か．
　ア　インタリーブ方式によるメモリバンクの切り替え完了
　イ　キャッシュメモリに対するヒットミスの発生
　ウ　入出力開始命令の実行
　エ　浮動小数点演算命令実行によるあふれ（オーバフロー）の発生

【解説】 CPUが割込みを発生させるのは，オーバフローや0による割り算など，計算が続行できない場合である．

【解答】 エ

―― 例題 5.27 ――
メモリ A～D を，実行メモリアクセスの早い順に並べたものはどれか．

|   |   | キャッシュメモリ |   | 主記憶 |
|---|---|---|---|---|
|   | 有無 | アクセス時間（ナノ秒） | ヒット率（％） | アクセス時間（ナノ秒） |
| A | なし | − | − | 15 |
| B | なし | − | − | 30 |
| C | あり | 20 | 60 | 70 |
| D | あり | 10 | 90 | 80 |

ア　A，B，C，D　　　　　イ　A，D，B，C
ウ　C，D，A，B　　　　　エ　D，C，A，B

【解説】　C，D については，平均アクセス時間を計算しなければならない．

　　　　C：$0.6 \times 20 + (1-0.6) \times 70 = 12 + 28 = 40$ ナノ秒

　　　　D：$0.9 \times 10 + (1-0.9) \times 80 = 9 + 8 = 17$ ナノ秒

　　　したがって，A(15)＜D(17)＜B(30)＜C(40)

【解答】　イ

―― 例題 5.28 ――
500 バイトのセクタ 8 個を 1 ブロックとして，ブロック単位でファイルの領域を割り当てて管理しているシステムがある．2000 バイトおよび 9000 バイトのファイルを保存するとき，これら二つのファイルに割り当てられるセクタ数の合計はいくらか．ここで，ディレクトリなどの管理情報が占めるセクタは考慮しないものとする．

　　　ア　22　　　イ　26　　　ウ　28　　　エ　32

【解説】　1 ブロックは 4000 バイトなので，2000 バイトのデータに 1 ブロック，9000 バイトのデータに 3 ブロック必要である．したがって，
　　　　$(1+3) \times 8 = 32$ セクタ必要となる．

【解答】　エ

―― 例題 5.29 ――
あるコンピュータでは，1 命令が表のステップ 1～6 の順序で実行される．図のパイプライン処理を利用して 6 命令を実行すると，何ナノ秒か

かるか．ここで，各ステップの実効時間は10ナノ秒とし，パイプライン処理の実行を乱す分岐命令などはないものとする．

表　命令の実行ステップ

| ステップ | 処理内容 |
|---|---|
| 1 | 命令コード部の取出し |
| 2 | 命令の解読 |
| 3 | アドレス部の取出し |
| 4 | 実効番地の計算 |
| 5 | データの取り出し |
| 6 | 演算の実行 |

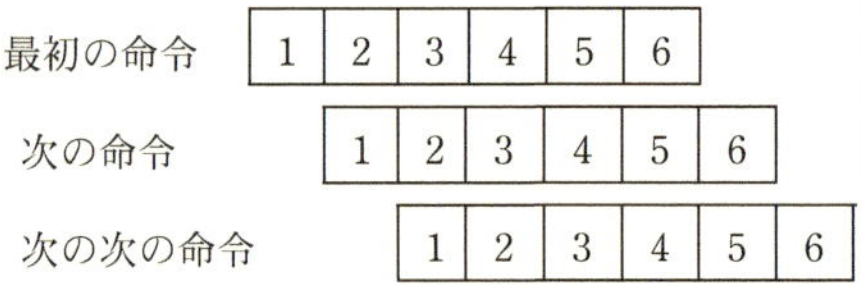

図　命令実行のパイプライン処理

ア　50　　イ　60　　ウ　110　　エ　300

【解説】　図を書いてみれば明らかなように，6命令を実行するのに，11ステップ必要である．
したがって，全体の実行時間は $11 \times 10 = 110$ ナノ秒となる．

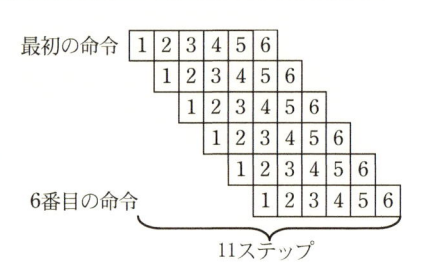

【解答】　ウ

---

例題 5.30

平均命令実行時間が 0.2 マイクロ秒のコンピュータがある．このコンピュータの性能は何 MIPS か．

ア　0.5　　イ　1.0　　ウ　2.0　　エ　5.0

【解説】　MIPS値は平均命令実行時間の逆数である．なお，1マイクロ秒 $=10^{-6}$ 秒である．

$$\frac{1ステップ}{0.2マイクロ秒} = \frac{1ステップ}{0.2 \times 10^{-6}秒} = \frac{10^6 ステップ}{0.2秒} = 5 \text{MIPS}$$

【解答】　エ

── 例題 5.31 ─────────────────────────

図に示す構成で，表に示すようにキャッシュメモリと主記憶のアクセス時間だけが異なり，ほかの条件は同じ2種類のCPU $X$ と $Y$ がある．

あるプログラムをCPU $X$ と $Y$ でそれぞれ実行したところ，両者の処理時間が等しかった．このとき，キャッシュメモリのヒット率はいくらか．ここで，CPU処理以外の影響はないものとする．

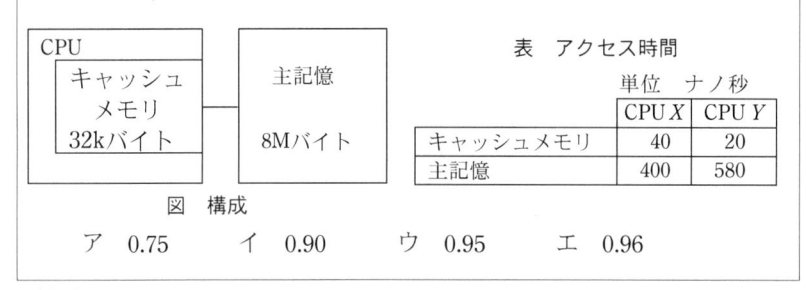

```
┌─CPU──────────┐
│ キャッシュ    │   ┌─────┐
│ メモリ       │───│ 主記憶 │
│ 32kバイト    │   │ 8Mバイト│
└──────────────┘   └─────┘
        図  構成
```

表　アクセス時間
単位　ナノ秒

|  | CPU $X$ | CPU $Y$ |
|---|---|---|
| キャッシュメモリ | 40 | 20 |
| 主記憶 | 400 | 580 |

　ア　0.75　　イ　0.90　　ウ　0.95　　エ　0.96

【解説】　求めるヒット率を $x$ とすると，$X$ と $Y$ の平均アクセス時間が等しいことから，

$$x \times 40 + (1-x) \times 400 = x \times 20 + (1-x) \times 580$$

という方程式が得られる．これを解くと，$x = 0.9$ となる．

【解答】　イ

── 例題 5.32 ─────────────────────────

1ピクセル当たり24ビットのカラー情報をビデオメモリに記憶する場合，横1024ピクセル，縦768ピクセルの画面表示に必要となるメモリ量は，約何Mバイトか．ここで，1Mバイトは $10^6$ バイトとする．

　ア　0.8　　イ　2.4　　ウ　6.3　　エ　18.9

【解説】　24ビットは3バイトなので，$1024 \times 768 \times 3B = 2,359,296B ≒ 2.4MB$ となる．

【解答】　イ

── 例題 5.33 ─────────────────────────

画面の大きさが横640ドット，縦480ドットで，256色が同時に表示できるパソコンのモニタの画面全体を使って，30フレーム／秒のカラー動

画を再生表示させる．このとき，1分間に表示される画像データの量（バイト）として，最も近いものはどれか．ここで，データは圧縮しないものとする．

　　　ア　300k　　　　イ　1M　　　　ウ　550M　　　　エ　133G

【解説】　$2^8=256$ より，256色は8ビットすなわち1バイトで表現できる．したがって，1フレームのデータ量は，640×480×1B＝307,200Bである．これを30フレーム／秒のスピードで1分間（60秒間）再生するので，
　　　　307200×30×60 ＝ 552,960,000B ≒ 550MB
となる．

【解答】　ウ

## 第5章のまとめ

1) RAMのうち主記憶用として用いられる大容量のメモリを　a)　という．
2)　b)　は読み出し専用のメモリである．
3) 主記憶をバンクと呼ばれる独立して動作することのできる装置に分け，全体として動作効率をあげる方法を　c)　という．
4) キャッシュメモリにデータが存在する確率を　d)　という．
5)　e)　は分岐命令が多く順序よく命令を実行できない場合は効率的ではない．
6) 命令の長さと実行時間が一定になるように設計されたコンピュータを　f)　という．
7) 7ビットのデータ$(010\ 1100)_2$の先頭にパリティビット（ただし，偶数パリティ）を付けると，16進表現で　g)　となる．
8) 補助記憶装置において等角に区分されたトラックの一部を　h)　という．
9)　i)　とは，1ブロックに含まれるレコードの件数である．
10) ディスクにおける1回転に要する時間は　j)　の逆数である．
11) 1ミリ秒は　k)　秒，1マイクロ秒は　l)　秒である．

復習問題　5

1　主記憶のアクセス時間が300ナノ秒で，キャッシュメモリのアクセス時間が10ナノ秒のとき，平均アクセス時間を求めなさい．ただし，ヒット率は0.9とする．

2　平均実行速度が40ナノ秒のとき，このコンピュータのMIPS値を求めなさい．

3　次のビット列の先頭にパリティビットを付加しなさい．ただし，偶数パリティとする．

　　1)　011 1101　　　2)　110 0001　　　3)　100 0010

4　次のビット群を受け取ったが，1ビットの誤りがある．どこをどのように修正すればよいか．ただし，偶数パリティとする．

　　1)　$(93)_{16}$, $(0D)_{16}$, $(A5)_{16}$, $(33)_{16}$
　　2)　$(F2)_{16}$, $(6C)_{16}$, $(BD)_{16}$, $(21)_{16}$

5　レコード長が150Bのデータが3000件ある．このデータを次表のディスクにブロック化係数3で登録するとき，何トラック必要か．

| セクタ長 | 500B |
|---|---|
| 1トラック内のセクタ数 | 10 |
| 1面のトラック数 | 2000 |

6　レコード長が1000Bのデータ5000件を次表のディスクに登録したい．何シリンダ必要となるか．ただし，ブロック化係数は2とする．

| 1トラック当たりの記憶容量 | 30000B |
|---|---|
| 1シリンダ当たりのトラック数 | 10 |
| シリンダ数 | 20000 |
| IBG | 500B |

7　次のディスクに登録されているデータ1ブロックを読み出すときの平均アクセス時間を求めなさい．ただし，レコード長は1000B，ブロック化係数は4とする．

| 1トラックの容量 | 20000B |
| --- | --- |
| トラック数／シリンダ | 20 |
| シリンダ数 | 10000 |
| 回転速度 | 6000回転／分 |
| 平均シーク時間 | 5ms |

# 第6章　データ通信と信頼性

> 近年，インターネットは仕事で使用するのみならず，日常生活の中にも入り込んできている．また，家庭内で無線LANを構築する例も増えている．今や通信ネットワークの存在なくして現代生活はあり得ない．そこで，この章では，ネットワークを中心に解説する．

## 6.1　データ通信の基本

### 1.A)　通信技術

#### a)　データ通信の基本形

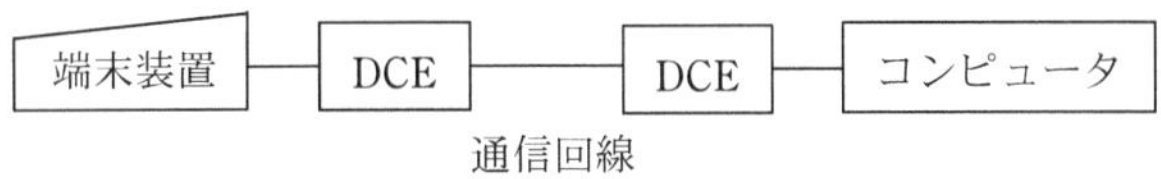

コンピュータ間でデータ通信をおこなうには，通信回線や回線終端装

```
端末装置 ― DCE ― DCE ― コンピュータ
              通信回線
```

図6.1　データ通信の基本形

置(DCE ; Data Circuit terminating Equipment)などが必要である．回線終端装置としてはモデムやDSUがある．モデムとはディジタル信号とアナログ信号の変換を行う装置である．通信回線がアナログのときに必要となる．一方，DSU(Digital Service Unit)はディジタル回線の場合に用いる．

#### b)　通信速度

通信回線の速度の単位としては一般に，bps(ビット／秒)が用いられる．データ量が多い場合には，Kbps(またはkbps)やMbpsなども用いる．ただし，実際には，さまざまな要因でその通信速度に達しないことが多い．そこで，回線利用率という概念が用いられる．これは実際に伝送できるデータ量の割合を示している．例えば，10000bpsの回線で回線利用率が90%であるとき，実際の通信速度は10000×0.9 = 9000bps となる．

なお，実際のデータ伝送の際はデータを圧縮して送信することが多い．そうすることによって伝送効率を高めることができる．

#### c)　同期

送信データを正しく受信するためには，送信側と受信側とでタイミングを

合わせる，すなわち同期をとる必要がある．同期方式としては，連続同期方式や調歩同期方式などがある．調歩同期方式では，文字データの前後にスタートビットとストップビットを付けて送信する．

---
**例題 6.1**

14400bps の回線を用いて，90 文字からなる電文を調歩同期方式で伝送すると，1 分間に何個の電文を送信することができるか．ただし，1 文字はパリティビットなしの 8 単位符号とし，スタート信号，ストップ信号はそれぞれ 1 ビットとする．また，回線利用率は 80％とする．

---

【解説】 1 文字はスタートビット，ストップビットを含め 8+2=10 ビットで送信される．また，回線利用率が 80％なので，実際には，1 秒間に送信できるビット数は 14400×0.8 ビットである．

【解答】 1 分間に送電できる電文数は

$$電文数 = \frac{14400 \times 0.8 \times 60}{90 \times 10} = 768$$

問 6.1 9600bps の回線を用いて調歩同期方式で文字を送信する場合，1 分間に何文字送信することができるか．ただし，1 文字は 8 ビットとし，スタートビット，ストップビットはそれぞれ 1 ビットとする．

## 1.B) 伝送制御手順

データ通信をおこなう際は，あらかじめ送受信間で一定のルールを決めておく必要がある．このルールのことを**伝送制御手順**という．伝送制御手順には，ベーシック手順，HDLC (High-Level Data Link Control) 手順などがある．ベーシック手順では 8 ビット単位の伝送であるが，HDLC 手順ではフレームという形式を用いることによって任意長のデータを伝送することができる．また，HDLC 手順では厳密な誤り制御をおこなうので，複数ビットの誤りを検出することもできる．

HDLC 手順におけるフレームの構成を図 6.2 に示す．

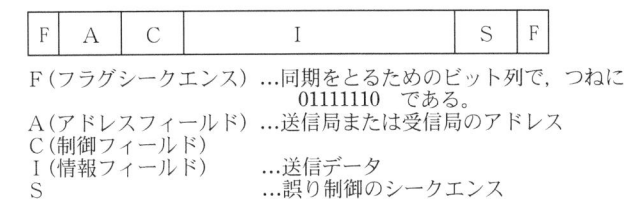

| F | A | C | I | S | F |

F（フラグシークエンス）...同期をとるためのビット列で，つねに
　　　　　　　　　　　　01111110　である．
A（アドレスフィールド）...送信局または受信局のアドレス
C（制御フィールド）
I（情報フィールド）　　　...送信データ
S　　　　　　　　　　　...誤り制御のシークエンス

図6.2　フレームの構成

## 6.2　ネットワークシステム

### 2.A)　ネットワークアーキテクチャ

　データ通信技術の普及とともに，通信システムはネットワーク化の方向に進み始めた．通信の範囲も拡大し，ネットワークシステムも複雑化してきた．これからは，コンピュータは，単体で利用するのではなく，ネットワークシステムの一部として考える必要がある．そのようなネットワークシステムを設計・構築するには，その構造を明らかにして，その機能を実現していく必要がある．このような状況の中で，ネットワークアーキテクチャの概念が生まれた．

　ネットワークアーキテクチャとは，ネットワークシステムを効率的に設計・構築するために，プロトコルを階層化し，体系化したものをいう．ここで，プロトコル(protocol；通信規約)とは，通信をおこなう際の，データの形式や送受信方法，コード体系などに関する約束事を指す．

　プロトコルを統一することにより，種類の異なるコンピュータ間でもデータ通信が可能となる．

### 2.B)　OSI 基本参照モデル

　ISO（国際標準化機構）が中心となってネットワークの標準化が進められた．その結果生まれた標準仕様が，OSI 基本参照モデル (Open Systems Interconnection；開放型システム間相互接続) である．OSI 基本参照モデルで

は，ネットワークアーキテクチャの機能を7階層に分け，各階層の役割と階層間のインタフェースを明確化している．各階層の概要は以下のとおりである．

| | |
|---|---|
| 第7層：アプリケーション層 | 高 |
| 第6層：プレゼンテーション層 | ↑ |
| 第5層：セッション層 | 抽象度 |
| 第4層：トランスポート層 | |
| 第3層：ネットワーク層 | |
| 第2層：データリンク層 | ↓ |
| 第1層：物理層 | 低 |

図 6.3　OSI のモデル

1) 物理層（第1層）

上位層から渡されるデータを，通信回線を用いてビット単位に伝送する．

2) データリンク層（第2層）

誤り制御などをおこなう．先に述べた HDLC 手順はこの層のプロトコルに対応する．

3) ネットワーク層（第3層）

通信経路の選択(ルーティングという)などをおこなう．インターネットの標準プロトコルである TCP/IP の IP(Internet Protocol)はこの層に対応している．

4) トランスポート層（第4層）

システム(マシン)間の通信路を確立する．階層のサービス品質が不十分なときは，付加的な誤り制御などをおこなう．TCP/IP の TCP(Transmission Control Protocol)はこの層に対応している．

5) セッション層（第5層）

プロセス間の通信を規定し，ダイアログ(対話)管理をおこなう．

6) プレゼンテーション層（第6層）

アプリケーション層で扱うデータ(抽象構文)を通信用のデータ(転送構文)に変換したり，逆に，転送構文を抽象構文に変換する．

7) アプリケーション層（第7層）

アプリケーション間の通信を規定する層で，応用層ともいう．ユーザが直接利用する通信サービスを提供する．

# 6.3 LAN

## 3.A) 接続形態

　LAN(Local Area Network)とは，公共の通信回線設備を用いないで，企業や学校などの限られた区域内に設置されたネットワークシステムのことである．LANにおける伝送路としては，同軸ケーブルや，ツイストペアケーブル，光ファイバなど有線が主流であるが，最近では無線LANも登場している．

　LANにおける接続形態(トポロジという)としては，バス型，リング型，スター型などがある．

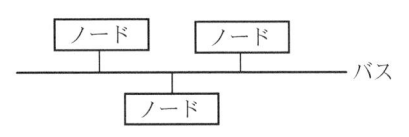

### a) バス型

図6.4　バス型LAN

　バスと呼ばれる1本の伝送路に，パソコンやワークステーションなど(これらをノードという)を接続して伝送路を共用する接続形態である．

　通信量が多いと，通信データ同士の衝突(collision)が増え，効率が悪くなるという欠点がある．一般に，**CSMA/CD 方式**というアクセス制御方式が採用される．

### b) リング型

　全体で一つのリングになるようにノードを順に接続する方式であり，**トークンリング方式**ともいう．データは一定方向に流れるように決められている．**トークンパッシン**

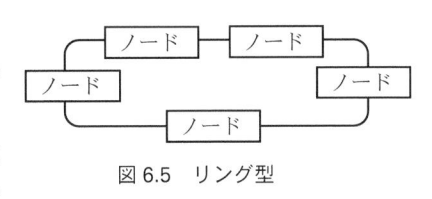

図6.5　リング型

グという制御方式により，**送信権(トークン)**を得たノードだけが送信できるので同時発信による衝突は起こらない．ただし，ノードが一台でも故障するとネットワーク全体がシステムダウンしてしまう．

### c) スター型

　集線装置を中心にノードを接続する方式である．ノードの追加や移動が簡単に行えるが，

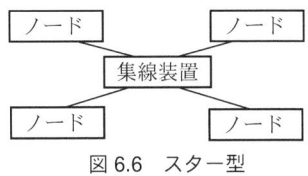

図6.6　スター型

集線装置が故障するとネットワーク全体がシステムダウンしてしまう.

## 3.B) クライアントサーバシステム

情報処理は,どこで処理するかによって集中処理と分散処理に分けられる.
集中処理では,中心にホストコンピュータを据え,ホストコンピュータでほとんどの処理をおこなう.

一方,分散処理では,処理をいろいろなコンピュータに分散させる.これまでは集中処理方式が中心であったが,パソコンやワークステーションが廉価となり,また通信技術が進展するにつれ,分散処理方式へと移行してきた.

クライアントサーバシステムは,分散処理を効果的に構築する方法の一つであり,LANとの相性がよい.**クライアント**とはサービスを要求するノード(正確にはその中のプロセス),**サーバ**とはサービスを提供するノード(正確にはその中のプロセス)を指す.

サーバには,提供するサービスによって,プリントサーバ,データベースサーバなどがある.サーバが別のサーバのクライアントになることもある.

## 3.C) LAN間接続機器

LAN同士を接続することによって,さらに複雑な業務に対応することができるようになる.LAN同士を接続するには,以下に示すような機器が必要となる.

a) リピータ

第1層である物理層の中継をおこなう装置である.これは単にLANの伝送距離を延長するためのものである.

b) ブリッジ

第2層であるデータリンク層の中継をおこなう装置である.データリンク層におけるアドレス(MACアドレスという)により,データを通過させるか否かを判断する.

c) ルータ

第3層であるネットワーク層の中継をおこなう装置である.ネットワーク層におけるアドレス(IPアドレスという;後述)により,データの経路を決定

する(これをルーティング機能という).
d) ゲートウェイ

7層全体のプロトコルが異なるネットワークを接続する装置である．異機種間接続に有効であるが，他の LAN 間接続機器に比べ高価である．

## 6.4 インターネット

### 4.A) インターネットとサービス

インターネットは，国際的に展開されているネットワークのネットワークである．インターネットが提供するサービスには，電子メールやWWW(World Wide Web)などがある．

a) 電子メール

電子メールは，電話や FAX に変わる通信手段として広く普及している．安いコストで大量のデータを送受信することができる．また，相手の不在や時間帯などを気にしなくてもよいなどのメリットもある．

電子メールのアドレスとしては，

xxx@aaa.bbb.ccc

のような形式(ドメイン名という)を用いる．xxx の部分がユーザ名，aaa.bbb.ccc の部分がネットワークの名称である．日本の場合，最後が jp で終わる．

電子メールのやりとりにはメールサーバが必要である．メールサーバ間のプロトコルとして SMTP(simple Mail Transfer Protocol)が用いられる．また，メールサーバから自分のコンピュータにメールを取り出すときには，POP3(Post Office Protocol)というプロトコルが使用される．

b) WWW

WWW(World Wide Web)とは，世界中に張り巡らされたクモの巣という意味で，簡単な操作で情報検索できる仕組みをいう．ブラウザというソフトを起動し，相手先を URL(Uniform Resource Locator)という形式で指定することにより，ホームページを表示させることができる．ホームページは，

HTML(HyperText Markup Language)という言語で記述され，HTTP(HyperText Transfer Protocol)というプロトコルにより送受信される．

WWWによる情報発信をおこなうためにはWWWサーバ(Webサーバともいう)が必要である．ホームページはWWWサーバに登録される．

## 4.B) IPアドレス

インターネットに接続されたコンピュータはすべてIPアドレスと呼ばれる32ビットのデータにより識別される．この32ビットはネットワークアドレス部とホストアドレス部に分けられ，それぞれのビット数の区切りを変えることにより，大規模ネットワーク(8ビット+24ビット)，中規模ネットワーク(16ビット+16ビット)，小規模ネットワーク(24ビット+8ビット)を区別する．

IPアドレスは，8ビットずつに区切り，それぞれを10進数にしてピリオドで区切って表記する(図6.7参照)．

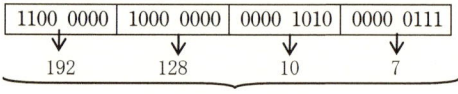

```
1100 0000 | 1000 0000 | 0000 1010 | 0000 0111
   ↓          ↓           ↓           ↓
  192        128          10          7
          192.128.10.7
```

図 6.7 IPアドレスの例

先に述べたドメイン名はDNSサーバ(Domain Name System)もしくはネームサーバによりIPアドレスに変換される．

IPアドレスは，固定的に付ける場合もあるが，DHCP(Dynamic Host Configuration Protocol)により動的に割り付ける場合もある．動的割り付けを用いると，ネットワーク内のコンピュータ数が変化しても容易に管理することができる．

なお，現在のIPアドレスは32ビットでIPv4と呼ばれている．今や，インターネットの普及が急速に進んだ結果アドレス不足が懸念されており，128ビットへの拡張が検討されている．この128ビットのアドレスはIPv6という．

## 4.C) ブロードバンド

家庭にあるパソコンをインターネットに接続するには，プロバイダと呼ばれる接続業者と契約しなければならない．すなわち，プロバイダのホストコンピュータに接続してインターネットを利用する．ひと頃はパソコン通信の

拡張として，必要の都度ダイアルアップ接続していた．これはモデム(変復調装置)という装置を用いた電話回線経由の接続であった．

現在は，**ADSL**(Asymmetric Digital Subscriber Line)という通信方式が主流になっている．これも電話回線を用いているが，プロバイダとは常時接続でありダイアルアップの必要はない．ADSLの通信速度は数Mbps(メガビット／秒)〜数十Mbpsであり，しかも上り(アップロード)より下り(ダウンロード)の方が通信速度が速いという特徴がある．ADSLを利用するには，**ADSLモデム**と呼ばれる装置が必要である．

さらに，最近では，光ファイバを用いた**FTTH**(Fiber To The Home)サービスも始まっている．FTTHでは最大百Mbpsという高速な通信を提供しており，ノイズに強く通信も安定している．

### 4.D) 不正アクセスとファイアウォール

常時接続が一般的になってくると，不正アクセス(侵入)の危険度も増してくる．そこで，インターネットへの出入り口にファイアウォールを設置する企業・家庭が増えてきた．**ファイアウォール**とは，データの通過を制御する装置群またはソフトである．その規模・価格はさまざまであり，機能もそれに応じて異なる．ファイアウォール機能を持った安価なルータも登場している．

また，コンピュータウィルスが侵入するケースも増えてきており，**ワクチンソフト**の整備なども欠かせなくなっている．

## 6.5 システムの信頼性

### 5.A) システム構成

一つのコンピュータだけでは信頼性が乏しい場合でも，それらを複数組み合わせることで全体としての信頼性が向上することがある．実際，いろいろなシステム構成が考案され，使用されている．

a) デュアルシステム

これは，コンピュータシステムを二重化し，同一の処理を行わせるもので

ある.デュアルシステムでは,両方の結果が同じかどうかをチェックする.両システムの同期をとるのが難しく,また,倍のコストがかかるため,よほど高い信頼性を要求するような場合にしか用いられない.

b) **デュープレックスシステム**

システムを二重化する点では,デュアルシステムと同じであるが,デュープレックスシステムでは同一の処理を行うわけではない.例えば,一方がオンライン処理,他方がバッチ処理を行い,オンライン系が故障した段階で切り替える.

c) **シンプレックスシステム**

これは単一のシステムである.最も一般的なシステム構成であるが,障害が発生した場合には復旧に時間がかかる.

d) **多重プロセッサシステム**

CPUを複数化し,メモリやファイルを共有化したシステムである.複数のCPUは互いに異なる処理を実行する.

a)デュアルシステム　b)デュープレックスシステム　c)多重プロセッサシステム

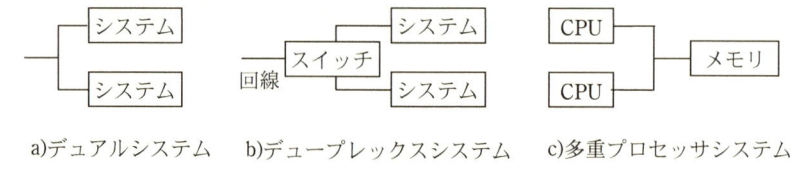

図6.8　各種システム

## 5.B) システムの稼働率

a) MTBF と MTTR

装置類は,稼働中であったり,故障中であったりする(図6.9).稼働時間の平均値を平均故障間隔(MTBF; Mean Time Between Failures),故障時間の平均値を平均故障時間(MTTR; Mean Time To Repair)という.もちろん,装置によってMTBFやMTTRは異なる.

図6.9　装置の状態

一般には,その装置の稼働率,故障率は,次の計算によって求めることができる.

$$稼働率 = \frac{\text{MTBF}}{\text{MTBF}+\text{MTTR}}$$

故障率 = 1 − 稼働率

---

**例題 6.2**

MTBF が 450 日，MTTR が 50 日である装置の稼働率と故障率を求めなさい．

【解説】 すでに述べた公式を使えば，簡単に計算できる．

【解答】

$$稼働率 = \frac{\text{MTBF}}{\text{MTBF}+\text{MTTR}} = \frac{450}{450+50} = 0.9$$

故障率 = 1 − 0.9 = 0.1

**問 6.2** ２つの装置 A，B のうち，稼働率の高い方はどちらか．

|  | 装置 A | 装置 B |
|---|---|---|
| MTBF | 480 日 | 390 日 |
| MTTR | 20 日 | 10 日 |

b) **直列と並列**

装置を直列につなげた場合と並列につなげた場合とでは，システム全体の稼働率は変わってくる．

b.1) **直列**

直列の場合，全体の稼働率は，個別の稼働率の積になる．例えば，装置 A の稼働率を $R_A$，装置 B の稼働率を $R_B$ とする．両者を直列につなげた場合の全体の稼働率は $R_A \times R_B$ となる．したがって，全体の故障率は，$1 - R_A \times R_B$ である．直列の場合，少なくとも一方が故障していると全体が故障となるので稼働率は低くなる．

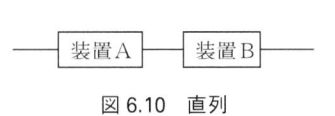

図 6.10 直列

b.2) **並列**

２つの装置を並列につなげた場合，両方が共に故障の時のみ全体のシステムは故障である．直列の場合と同様に，装置 A の稼働率を $R_A$，装置 B の稼働率を $R_B$ とする．全体の故障率は，

$$(1-R_A) \times (1-R_B)$$

なので，全体の稼働率は，

$$1-(1-R_A) \times (1-R_B) = (R_A + R_B) - R_A \times R_B$$

となる．

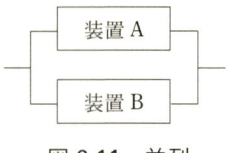

図 6.11 並列

---
**例題 6.3**

稼働率が 0.9 の装置 A，B がある．このとき，以下の問に答えなさい．
1) 2 つの装置を直列に接続すると，全体の稼働率はいくらになるか．
2) 2 つの装置を並列に接続すると，全体の稼働率はいくらになるか．

---

【解説】 直列の場合の稼働率は 2 つの稼働率の積である．並列の場合は，まず全体の故障率を求めてから全体の稼働率を求める．

【解答】 1) $0.9 \times 0.9 = 0.81$
2) $1 - 0.1 \times 0.1 = 0.99$

問 6.3 稼働率がそれぞれ，0.9，0.8 の 2 つの装置を直列・並列に接続したときの稼働率を求めなさい．

## 6.6 既往問題

---
**例題 6.4**

東京〜福岡を結ぶネットワークシステムがある．このシステムの信頼性を向上させるために，東京〜大阪〜福岡を結ぶ回線を追加した．新しいネットワークシステムにおける東京〜福岡の稼働率はいくらか．ここで，回線の稼働率は東京〜福岡，東京〜大阪，大阪〜福岡とも 0.9 とする． 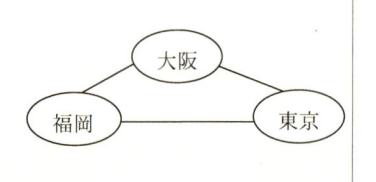
 ア 0.729　　イ 0.810　　ウ 0.981　　エ 0.999

---

【解説】 大阪経由の回線稼働率は直列なので $0.9 \times 0.9 = 0.81$ であり，それと東京〜福岡の直通回線との並列と考えれば答は得られる．実際，

全体の故障率 $= (1-0.9) \times (1-0.81) = 0.1 \times 0.19 = 0.019$

なので，求める稼働率は $1 - 0.019 = 0.981$ となる．

【解答】 ウ

―― 例題 6.5 ――
　スタートビットとストップビットを除いて 8 ビットからなる文字を，伝送速度 4800 ビット／秒の回線を使って調歩同期方式で伝送すると，1 分間に最大で何文字伝送できるか．ここで，スタートビットとストップビットのビット長はともに 1 とする．
　　ア　480　　　　イ　600　　　　ウ　28,800　　　　エ　36,000

【解説】　スタートビットとストップビットを含めると 1 文字は 10 ビットであり，伝送速度が 4800 ビット／秒なので，1 秒間に 480 文字伝送できる．したがって，1 分間では 480×60 文字 = 28800 文字となる．

【解答】 ウ

―― 例題 6.6 ――
　トークンリング方式の LAN の特徴として，適切なものはどれか．
　ア　CSMA/CD 方式の LAN と比較すると，高負荷時の伝送遅延が大きい．
　イ　LAN 上でデータの衝突が生じた場合には，送信ノードは一定時間経過したのちに再送する．
　ウ　データを伝送するノードは，まず送信権を獲得しなければならない．
　エ　伝送遅延を一定時間以内に抑えるためには，ノード間のケーブル長は 500m 以下である．

【解説】　トークンリング方式でデータを伝送するにはトークンと呼ばれる送信権が必要である．

【解答】 ウ

―― 例題 6.7 ――
　二つの LAN セグメントを接続する装置 A の機能を OSI 基本参照モデルで表すと図のようになる．この装置 A として適切なものはどれか．

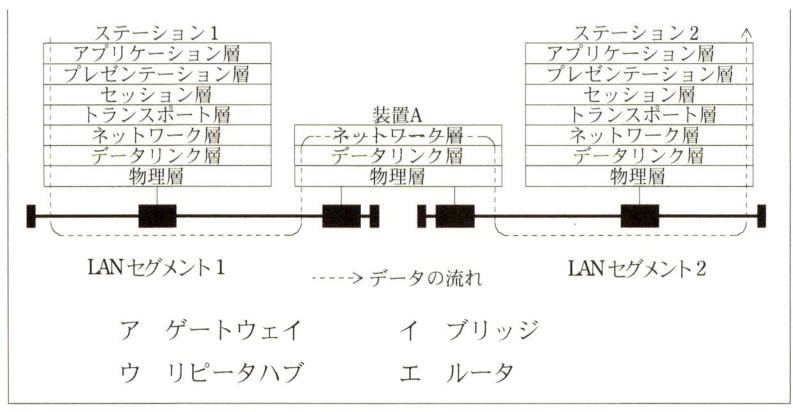

```
         ステーション1                           ステーション2
        ┌─────────────┐                        ┌─────────────┐
        │アプリケーション層│                        │アプリケーション層│
        │プレゼンテーション層│                        │プレゼンテーション層│
        │  セッション層  │                        │  セッション層  │
        │ トランスポート層│      装置A              │ トランスポート層│
        │  ネットワーク層│   ┌──────────┐         │  ネットワーク層│
        │  データリンク層│   │ネットワーク層│         │  データリンク層│
        │   物理層    │   │データリンク層│         │   物理層    │
        └─────────────┘   │  物理層   │         └─────────────┘
                         └──────────┘
```

            LANセグメント1     ----> データの流れ     LANセグメント2

           ア ゲートウェイ         イ ブリッジ
           ウ リピータハブ         エ ルータ

【解説】 ネットワーク層を経由する装置はルータである．リピータハブは物理層，ブリッジはデータリンク層に対応している．

【解答】 エ

---

**例題 6.8**

デュアルシステムに関する説明として，適切なものはどれか．

ア 同じ処理をおこなうシステムを二重に用意し，それぞれの処理結果を照合することで処理の正しさを確認する．どちらかのシステムに障害が発生した場合，他方だけの縮退運転によって処理を継続する．

イ オンライン処理をおこなう現用系のシステムと，バッチ処理などをおこないながら待機させる待機系を用意し，現用系に障害が発生した場合は，待機系にオンライン処理プログラムをロードし直した上でシステムを切り替え，オンライン処理を再起動する．

ウ 待機系のシステムに現用系のオンライン処理プログラムをロードして待機させておき，現用系に障害が発生した場合は，待機系に即時切り替えて処理を続行する．

エ 一つのコンピュータ装置に，プロセッサ，メモリ，チャネル，電源系などを二重に用意しておき，それぞれの装置で片方に障害が発生した場合でも，処理を継続する．

【解説】 デュアルシステムでは，コンピュータシステムを二重化して同一の処理をおこない，その結果を照合する．

【解答】 ア

---
**例題 6.9**

稼働率 0.9 の装置を用いて，稼働率 0.999 以上の多重化システムを作りたい．この装置を最低何台並列に接続すればよいか．
　　　ア　2　　　イ　3　　　ウ　4　　　エ　5

---

【解説】 求める台数を $n$ 台とすると，全体の故障率は $0.1^n$，全体の稼働率は $1-0.1^n$ なので，不等式 $1-0.1^n \geqq 0.999$ を解けばよい．

【解答】 イ

---
**例題 6.10**

CSMA/CD 方式による 10M ビット／秒の LAN に関する記述のうち，適切なものはどれか．
　ア　送信フレームの衝突が生じたときは，送信端末は送出を中断し，乱数にしたがった待ち時間ののち再送する．
　イ　多数の端末が同時にデータを送出する場合は，伝送路が時分割多重化されるので，10M ビット／秒の伝送速度は保証されない．
　ウ　端末がデータの送信権を確保するためには，トークンを獲得する必要がある．
　エ　端末毎にタイムスロットが決められるので，必ずそのタイミングでデータを送信する必要がある．

---

【解説】 CSMA/CD 方式では，衝突が検出された場合いったん送信を中止し，一定の待ち時間ののち再度送信を試みる．

【解答】 ア

---
**例題 6.11**

Web において，取得したい情報源を示すための表記方法で，アクセスするプロトコルとホスト名などの場所を指定する情報を示すものはどれか．
　　ア　HTML　　　イ　SGML　　　ウ　URL　　　エ　XML

---

【解説】 Webにおいてはhttp://www.….ne.jpといったURLを指定する．アのHTMLはホームページの内容を記述するための言語，イのSGMLは文書の意味構造を簡単なマークで記述するための言語，エのXMLはHTMLの拡張版となる言語である．

【解答】 ウ

---

**例題6.13**

OSI基本参照モデルの物理層を中継する装置，データリンク層までを中継する装置，ネットワーク層までを中継する装置の順に並べたものはどれか．

ア　ブリッジ，リピータ，ルータ
イ　ブリッジ，ルータ，リピータ
ウ　リピータ，ブリッジ，ルータ
エ　リピータ，ルータ，ブリッジ

---

【解説】 物理層はリピータ，データリンク層はブリッジ，ネットワーク層はルータである．

【解答】 ウ

---

**例題6.13**

クライアントサーバシステムの特徴に関する記述のうち適切なものはどれか．

ア　クライアントとサーバのOSは同一種類にする必要がある．
イ　サーバはデータ処理要求を出し，クライアントはその要求を処理する．
ウ　サーバは，必要に応じて処理の一部をさらに別のサーバに要求するためのクライアント機能を持つことができる．
エ　サーバは，ファイルサーバやプリントサーバなど，機能毎に別のコンピュータに分ける必要がある．

---

【解説】 サーバは場合によって，他のサーバのクライアントになることができるのでウが正解である．OSは同一である必要はないのでアは間違

い．サーバとクライアントの機能が逆なのでイも間違い．サーバは複数の機能を持つことができるのでエも間違いである．

【解答】 ウ

---
**例題 6.14**

MTBF が 1,500 時間，MTTR が 500 時間であるコンピュータシステムの稼働率を 1.25 倍に向上させたい．MTTR をいくらにすればよいか．
ア 100　　　　イ 125　　　　ウ 250　　　　エ 375

---

【解説】 求める MTTR を $x$ 時間とすると，$\dfrac{1500}{1500+x} = \dfrac{1500}{1500+500} \times 1.25$

という方程式が得られる．

【解答】 ア

---
**例題 6.15**

ADSL に関する記述として適切なものはどれか．
ア 既存の電話回線(ツイストペア線)を利用して，上り下りの速度が異なる高速データ伝送をおこなう．
イ 電話音声とデータはターミナルアダプタ(TA)で分離し，1 本の回線での共有を実現する．
ウ 電話音声とデータを時分割多重して伝送する．
エ 光ファイバケーブルを住宅まで敷設し，電話や ISDN，データ通信などの各種通信サービスを提供する．

---

【解説】 ADSL は電話回線を利用する．上り(アップロード)より下り(ダウンロード)の方が通信速度が速いことが特徴である．

【解答】 ア

---
**例題 6.16**

HDLC 手順に相当する OSI 基本参照モデルの層はどれか．
ア データリンク層　　　　イ トランスポート層
ウ ネットワーク層　　　　エ 物理層

---

【解説】 HDLC 手順は High level Data Link Control の略であり，データリンク層に対応している．
【解答】 ア

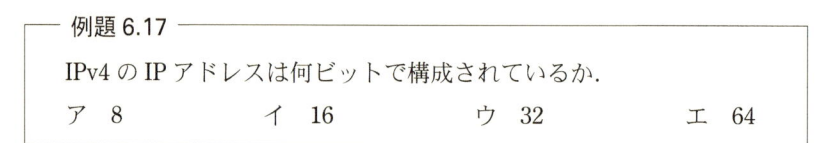

---
**例題 6.17**

IPv4 の IP アドレスは何ビットで構成されているか．
ア 8　　　　イ 16　　　　ウ 32　　　　エ 64

---

【解説】 IPv4 では 32 ビットで構成される．
【解答】 ウ

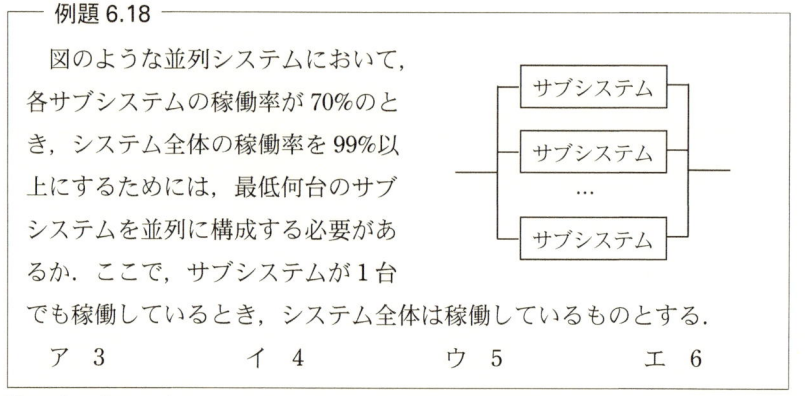

---
**例題 6.18**

図のような並列システムにおいて，各サブシステムの稼働率が 70%のとき，システム全体の稼働率を 99%以上にするためには，最低何台のサブシステムを並列に構成する必要があるか．ここで，サブシステムが 1 台でも稼働しているとき，システム全体は稼働しているものとする．
ア 3　　　　イ 4　　　　ウ 5　　　　エ 6

---

【解説】 求める台数を $n$ 台とすると，全体の故障率は $0.3^n$，全体の稼働率は $1-0.3^n$ となる．したがって，不等式 $1-0.3^n \geq 0.99$ を解けばよい．
【解答】 イ

---
**例題 6.19**

OSI 基本参照モデルにおけるネットワーク層の説明として，適切なものはどれか．
　ア　エンドシステム間のデータ伝送を実現するためにルーティングや中継などをおこなう．
　イ　各層のうち，もっとも利用者に近い部分であり，ファイル転送や電子メールなどの機能が実現されている．
　ウ　物理的な通信媒体の特性を吸収し，上位の層に透過的な伝送路を

提供する．
エ　隣接ノード間の伝送制御手順(誤り検出，再送制御など)を提供する．

【解説】　ネットワーク層ではルータを用いて通信経路の選択(ルーティング)をおこなうので，アが正解である．イはアプリケーション層，ウは物理層，エはデータリンク層の説明である．

【解答】　ア

―― 例題 6.20 ――
通信速度64,000ビット／秒の専用線で接続された端末間で，平均1,000バイトのファイルを2秒ごとに転送するときの回線利用率(％)に最も近い値はどれか．ここで，ファイル転送に伴い転送量の20％の制御情報が付加されるものとする．
　ア　0.9　　　　イ　6.3　　　　ウ　7.5　　　　エ　30.0

【解説】　1秒間の転送ビット数は，$1000 \times 8 \times 0.5 \times 1.2 = 4800$ビットとなるから，
$$4800 \div 64000 = 0.075 = 7.5\%$$
より回線利用率は7.5％となる．

【解答】　ウ

　第6章のまとめ

1)　　a)　　同期方式では，文字データの前後にスタートビットとストップビットを付加して転送する．
2)　通信をおこなう際の，データの形式や送受信方法，コード体系などに関する約束事を通信規約すなわち　　b)　　という．
3)　OSI 基本参照モデルにおける第2層は　　c)　　層であり誤り制御などをおこなう．HDLC 手順はこの層に対応している．
4)　インターネットの標準である TCP/IP の IP は第3層すなわち　　d)　　層のプロトコルである．　　e)　　はこの層の中継をおこなう装置である．

5) リング形式の LAN では [ f) ] と呼ばれる送信権を持つノードのみが送信できる．

6) ブラウザに表示されるホームページは [ g) ] という言語で記述される．

7) 現在の IP アドレスは [ h) ] ビットであるが，[ i) ] ビットへの拡張も検討されている．

8) ブロードバンドの一種である [ j) ] では電話回線を用いるが，上りと下りの速度が異なっている．

9) [ k) ] とは，データの通過を制御する装置群またはソフトである．

10) [ l) ] は，コンピュータシステムを二重化し同一の処理を行わせるものである．

11) 稼働時間の平均値を [ m) ] といい，MTBF と表す．

### 復習問題 6

1 9600 ビット／秒の回線を用いて，80 文字からなる電文を調歩同期方式で伝送すると，1 分間に何個の電文を送信することができるか．ただし，1 文字はパリティビットなしの 8 単位符号とし，スタート信号，ストップ信号はそれぞれ 1 ビットとする．また，回線利用率は 80% とする．

2 MTBF が 90 日，MTTR が 10 日である装置 A を次のように接続したときの全体の稼働率を求めなさい．

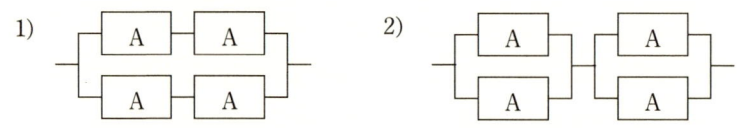

1) [A-A / A-A 並列接続]   2) [A-A / A-A 並列直列接続]

3 次の装置 A, B を並列に接続したときの全体の稼働率を求めなさい．

|  | 装置A | 装置B |
|---|---|---|
| MTBF | 480 日 | 360 日 |
| MTTR | 20 日 | 40 日 |

## <<<  問の解答  >>>

### 第 2 章

問 2.1　1) 最左端 $2^5$, 最右端 $2^0$　　2) 最左端 $2^6$, 最右端 $2^{-2}$

問 2.2　1) $2^5+2=32+2=34$　　2) $0.5+0.25+0.125=0.875$
　　　　3) $16+8+4+0.5=28.5$

問 2.3　1) $(11001000)_2$　　2) $(0.0001)_2$　　3) $(1010000.11)_2$

問 2.4　1) $(11010)_2$　$(21+5=26)$　　2) $(1010.1)_2$　$(6.75+3.75=10.5)$

問 2.5　1) $6\times16+15=111$　　2) $\dfrac{12}{16}=0.75$

　　　　3) $2\times256+10\times16+\dfrac{4}{16}=672.25$

問 2.6　1) $(3E8)_{16}$　　2) $(0.8)_{16}$　　3) $(64.E)_{16}$

問 2.7　1) $(7F)_{16}$　　2) $(0.D8)_{16}$　　3) $(1AE.C)_{16}$

問 2.8　1) $(1111\ 0000\ 0110)_2$　　2) $(0.0000\ 1)_2$
　　　　3) $(100\ 1010\ 0000.1111\ 011)_2$

問 2.9　1) $\boxed{(0000\ 0001\ 1001\ 0000)_2} = \boxed{(0190)_{16}}$
　　　　2) $\boxed{(0000\ 0000\ 1111\ 1111)_2} = \boxed{(00FF)_{16}}$
　　　　3) $\boxed{(1000\ 0000\ 0000\ 0000)_2} = \boxed{(8000)_{16}}$

問 2.10　1) $+400 = \boxed{(0000\ 0001\ 1001\ 0000)_2} = \boxed{(0190)_{16}}$
　　　　　　$-400 = \boxed{(1111\ 1110\ 0111\ 0000)_2} = \boxed{(FE70)_{16}}$
　　　　　2) $+512 = \boxed{(0000\ 0010\ 0000\ 0000)_2} = \boxed{(0200)_{16}}$
　　　　　　$-512 = \boxed{(1111\ 1110\ 0000\ 0000)_2} = \boxed{(FE00)_{16}}$
　　　　　3) $+1024 = \boxed{(0000\ 0100\ 0000\ 0000)_2} = \boxed{(0400)_{16}}$
　　　　　　$-1024 = \boxed{(1111\ 1100\ 0000\ 0000)_2} = \boxed{(FC00)_{16}}$

問 2.11　1) $(0.26F800)_{16}\times16^4$　　2) $(0.C58000)_{16}\times16^{-2}$
　　　　　3) $(0.FFB9A0)_{16}\times16^{-7}$

問 2.12　1) $+0.1 = +(0.199999)_{16}\times16^0$ より,
　　　　　　符号ビット=0, 指数部=0=$(000\ 0000)_2$, 仮数部=$(0.199999)_{16}$

136  問の解答

| 0 | 0000000 | 0001 1001 1001 1001 1001 1001 |

$=(00\ 199999)_{16}$

2) $-100.5=-(64.8)_{16}=-(0.648000)_{16}\times 16^2$ より，

符号ビット$=1$，指数部$=2=(000\ 0010)_2$，仮数部$=(0.648000)_{16}$

| 1 | 0000010 | 0110 0100 1000 0000 0000 0000 | $=(82\ 648000)_{16}$

問 2.13  1) '8' （$=3$列8行）　　2) 'g' （$=6$列7行）

3) '＊' （$=2$列A行）

問 2.14  1) $(0001\ 0010\ 0011\ 0000\ 1100)_2 = (1230C)_{16}$

2) $(1001\ 0101\ 0000\ 1101)_2 = (950D)_{16}$

問 2.15  1) $(0011\ 0001\ 0011\ 0010\ 0011\ 0011\ 1100\ 0000)_2 = (313233C0)_{16}$

2) $(0011\ 1001\ 0011\ 0101\ 1101\ 0000)_2 = (3935D0)_{16}$

第3章

問 3.1  1) 1　　2) 1　　3) 0

問 3.2  1) $1\ (1+\overline{0}=1+1=1)$　　2) $0\ (\overline{1}\cdot 0+0=0+0=0)$

3) $0\ (\overline{1+0}\ +0=\overline{1}\ +0=0)$

問 3.3  1)

| $X$ | $Y$ | $X+Y$ | $\overline{X}$ | $(X+Y)\cdot \overline{X}$ |
|---|---|---|---|---|
| 0 | 0 | 0 | 1 | 0 |
| 0 | 1 | 1 | 1 | 1 |
| 1 | 0 | 1 | 0 | 0 |
| 1 | 1 | 1 | 0 | 0 |

2)

| $X$ | $Y$ | $X\cdot Y$ | $\overline{Y}$ | $X\cdot \overline{Y}$ | $X\cdot Y+X\cdot \overline{Y}$ |
|---|---|---|---|---|---|
| 0 | 0 | 0 | 1 | 0 | 0 |
| 0 | 1 | 0 | 0 | 0 | 0 |
| 1 | 0 | 0 | 1 | 1 | 1 |
| 1 | 1 | 1 | 0 | 0 | 1 |

3)

| $X$ | $Y$ | $Z$ | $\overline{Y}$ | $X+\overline{Y}$ | $(X+\overline{Y})\cdot Z$ |
|---|---|---|---|---|---|
| 0 | 0 | 0 | 1 | 1 | 0 |
| 0 | 0 | 1 | 1 | 1 | 1 |
| 0 | 1 | 0 | 0 | 0 | 0 |
| 0 | 1 | 1 | 0 | 0 | 0 |
| 1 | 0 | 0 | 1 | 1 | 0 |
| 1 | 0 | 1 | 1 | 1 | 1 |
| 1 | 1 | 0 | 0 | 1 | 0 |
| 1 | 1 | 1 | 0 | 1 | 1 |

問 3.4  1) $\overline{X}\cdot\overline{Y}+\overline{X}\cdot Y+X\cdot\overline{Y}$ ($\overline{X}+\overline{Y}$ でもよい)
2) $\overline{X}\cdot Y+X\cdot\overline{Y}$ ($X\oplus Y$ でもよい)

問 3.5  下表より, $\overline{X+Y}=\overline{X}\cdot\overline{Y}$

| $X$ | $Y$ | $X+Y$ | $\overline{X+Y}$ |
|---|---|---|---|
| 0 | 0 | 0 | 1 |
| 0 | 1 | 1 | 0 |
| 1 | 0 | 1 | 0 |
| 1 | 1 | 1 | 0 |

| $X$ | $Y$ | $\overline{X}$ | $\overline{Y}$ | $\overline{X}\cdot\overline{Y}$ |
|---|---|---|---|---|
| 0 | 0 | 1 | 1 | 1 |
| 0 | 1 | 1 | 0 | 0 |
| 1 | 0 | 0 | 1 | 0 |
| 1 | 1 | 0 | 0 | 0 |

問 3.6  1) $(0100\ 0000\ 1100\ 0011)_2 = (40C3)_{16}$
2) $(1101\ 1111\ 1111\ 1011)_2 = (DFFB)_{16}$
3) $(1001\ 1111\ 0011\ 1000)_2 = (9F38)_{16}$

問 3.7  1) $(00FF)_{16}$ と論理積をとる   2) $(FF00)_{16}$ と論理和をとる

問 3.8  1) $(1010\ 0011\ 1100\ 0000)_2 = (A3C0)_{16}$

問 3.9　2)　$(0000\ 0000\ 0101\ 1010)_2 = (005A)_{16}$

　　　　1)　$(1101\ 0110\ 1100\ 0000)_2 = (D6C0)_{16}$

　　　　2)　$(1111\ 1111\ 1110\ 1011)_2 = (FFEB)_{16}$

問 3.10　1)　$-400\ (=-50\times 2^3)$　　　2)　$-25\ (=-50\div 2^1)$

問 3.11　1)　　　　　　　　　　　　　　2)

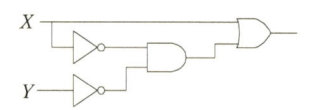

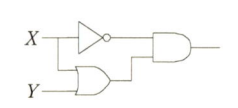

問 3.12　$\overline{\overline{X}\cdot\overline{Y}} = \overline{\overline{X}}+\overline{\overline{Y}} = X+Y$ より，右図のような回路図となる．

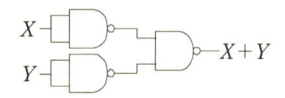

## 第 4 章

問 4.1　1)　2045 番地（= 2000 + 45）　　2)　5000 番地

問 4.2　1)　ストア命令 $=(12)_{16}$，汎用レジスタ $=7$ より，$(1270\ B54F)_{16}$

　　　　2)　減算命令 $=(22)_{16}$，汎用レジスタ $=3$ より，$(2230\ 12BB)_{16}$

問 4.3　1)　命令コード $=(12)_{16}=$ ストア命令，汎用レジスタ $=$ GR0，指標レジスタ $=$「指定なし」より「7 番地に GR0 の内容 3 をストアする」という意味である．

　　　　　したがって，7 番地に 3 がセットされる．

　　　　2)　命令コード $=(22)_{16}=$ 減算命令，汎用レジスタ $=$ GR1，指標レジスタ $=$ GR2 より実効アドレス $=4+$(GR2 の内容)$=4+1=5$ 番地なので「GR1 から 5 番地の内容 10 を引く」という意味である．

　　　　　したがって，GR1 に $10(=20-10)$ がセットされる

問 4.4　1)　ST $=(12)_{16}$，GR $=5$，XR $=2$，adr $=300=(012C)_{16}$ より，$(1252\ 012C)_{16}$

　　　　2)　SLL $=(43)_{16}$，GR $=1$，XR $=0$，adr $=1=(0001)_{16}$ より，$(4310\ 0001)_{16}$

問 4.5　1)　GR0 の内容 5 と 204 番地の内容 9 とで論理和をとる．

$$5 = (0000\ 0000\ 0000\ 0101)_2$$
$$\text{OR})\ 9 = (0000\ 0000\ 0000\ 1001)_2$$
$$(0000\ 0000\ 0000\ 1101)_2 = 13$$

という計算により，GR0 に 13 がセットされる．

2) 実効アドレス=0+(GR1 の内容)=0+1=1 より，GR2 の内容 4 を 1 ビット右に算術シフトする．$4 \div 2^1 = 2$ より，GR2 に 2 がセットされる．

問 4.6　1)　0　(GR1 に $n$ をロードした後 $n$ を引くので 0 となる)

　　　　2)　$4n$　(GR3 に $n$ をロードした後 2 ビット左に算術シフトするので 4 倍されて $4n$ となる)

第 5 章

問 5.1　$2^{16} = 65536$ より，0 番地〜65535 番地

問 5.2　$0.95 \times 30 + (1 - 0.95) \times 400 = 28.5 + 20 = 48.5$ ナノ秒

問 5.3　$2 \times 0.4 + 4 \times 0.4 + 5 \times 0.2 = 0.8 + 1.6 + 1.0 = 3.4$ ナノ秒より，

$$\frac{1 個}{3.4 ナノ秒} = \frac{1 個}{3.4 \times 10^{-9} 秒} = \frac{1 \times 10^9 個}{3.4 秒} = 294 \times 10^6 個/秒 = 294 \text{MIPS}$$

問 5.4　1)　0111 0100　　2)　0011 1111　　3)　0000 0110

問 5.5　1)

| 1101 000 | 1 |
|---|---|
| 0000 100 | 1 |
| 0010 111 | 0 |
| 1111 011 | 0 |

　　　　2)

| 0101 010 | 1 |
|---|---|
| 1101 000 | 1 |
| 0111 010 | 0 |
| 1111 000 | 0 |

問 5.6　1)　$(61)_{16}$ を $(41)_{16}$ に修正する．　　2)　$(62)_{16}$ を $(63)_{16}$ に修正する．

問 5.7　$360000\text{B} \times 2 \times 20000 = 14400000\text{B} = 14.4\text{GB}$

問 5.8　$250\text{B} \times 10 \times 200 \times 2 = 1000000\text{B} = 1\text{MB}$

問 5.9　1 セクタ内のレコード数=3 件

　　　　1 トラック内のレコード数=$3 \times 10 = 30$ 件

　　　　30 件 $\times 1000 \times 2 = 60000$ 件

問 5.10　ブロック長=$600 \times 3 + 200 = 2000\text{B}$

　　　　$20000 \div 2000 = 10$ ブロック/トラック

　　　　$10 \times 3 = 30$ レコード/トラック

　　　　$30 \times 10 = 300$ レコード/シリンダ

　　　　$3000 \div 300 = 10$ シリンダ

問 5.11　1回転に要する時間 $= \dfrac{1\text{分}}{7500\text{回転}} = \dfrac{60\times1000\text{秒}}{7500\text{回転}} = 8\text{ms}$

したがって，平均回転待ち時間 $=8\text{ms}\div2=4\text{ms}$

問 5.12　$\dfrac{36000\text{B}\times7500}{1\text{分}} = \dfrac{36000\text{B}\times7500}{60\times1000\text{ms}} = 4500\text{B}/\text{ms}$

問 5.13　$5+4+\dfrac{9000}{4500}=11\text{ms}$

## 第 6 章

問 6.1　1 文字は 10 ビットなので，$\dfrac{9600\times60}{10}=57600$ 文字

問 6.2　装置 A の稼働率：$\dfrac{480}{480+20}=0.96$，装置 B の稼働率：$\dfrac{390}{390+10}=0.975$

より装置 B の稼働率の方が高い

問 6.3　直列：$0.9\times0.8=0.72$，

並列：$1-(1-0.9)\times(1-0.8)=1-0.1\times0.2=0.98$

# <<<　まとめの解答　>>>

第1章
 a) ワークステーション　b) 中央処理　c) 1024
 d) オペレーティングシステム　e) UNIX　f) DVD

第2章
 a) 2の補数　b) 1の補数　c) 仮数部　d) 7.2　e) 'B'
 f) $(100C)_{16}$

第3章
 a) 論理積　b) 排他的論理和　c) 真理値表　d) ド・モルガン
 e) 算術　f) OR

第4章
 a) レジスタ　b) 指標レジスタ　c) ロード　d) ストア
 e) 相対アドレス方式　f) 実効アドレス

第5章
 a) DRAM　b) ROM　c) メモリインタリーブ　d) ヒット率
 e) パイプライン処理　f) RISC　g) $(AC)_{16}$　h) セクタ
 i) ブロック化係数　j) 回転速度　k) $\dfrac{1}{1000}$　l) $\dfrac{1}{1,000,000}$

第6章
 a) 調歩　b) プロトコル　c) データリンク　d) ネットワーク
 e) ルータ　f) トークン　g) HTML　h) 32　i) 128
 j) ADSL　k) ファイアウォール　l) デュアルシステム
 m) 平均故障間隔

## <<< 復習問題の解答 >>>

### 第1章

1　$1MB = 2^{20}B = 1048576B$

2　$1B : 2^8 = 256$ 種類　　$2B : 2^{16} = 65536$ 種類

3　600 枚（ $= 3600$ 秒 $\div 6$ 秒）

### 第2章

1　1) $(1111\ 1010.1)_2 = (FA.8)_{16}$　　2) $(0.0000\ 1)_2 = (0.08)_{16}$

2　1) $\boxed{(0000\ 1000\ 0000\ 0000)_2} = \boxed{(0800)_{16}}$

　　2) $\boxed{(1111\ 1111\ 1101\ 1000)_2} = \boxed{(FFD8)_{16}}$

3　1) $+0.01 = +(0.028F5C2\cdots)_{16} = +(0.28F5C2)_{16} \times 16^{-1}$ より

　　符号ビット$=0$，指数部$=-1=(111\ 1111)_2$，仮数部$=(0.28F5C2)_{16}$

　　$\boxed{0}\ \boxed{1111111}\ 0010\ 1000\ 1111\ 0101\ 1100\ 0010$

　　$= \boxed{(7F\ 28F5C2)_{16}}$

　　2) $-3.14 = -(3.23D70A\cdots)_{16} = -(0.323D70)_{16} \times 16^1$ より

　　符号ビット$=1$，指数部$=1=(000\ 0001)_2$，仮数部$=(0.323D70)_{16}$

　　$\boxed{1}\ \boxed{0000001}\ 0011\ 0010\ 0011\ 1101\ 0111\ 0000$

　　$= \boxed{(81\ 323D70)_{16}}$

4　Kagiyama の場合…$(4B\ 61\ 67\ 69\ 79\ 61\ 6D\ 61)_{16}$

5　1) パック形式…$(0010\ 0000\ 0000\ 0100\ 1100)_2 = (2004C)_{16}$

　　アンパック形式…$(0011\ 0010\ 0011\ 0000\ 0011\ 0000\ 1100\ 0100)_2$
　　　　　　　　$= (323030C4)_{16}$

　　2) パック形式…$(0010\ 0000\ 0000\ 0100\ 1101)_2 = (2004D)_{16}$

　　アンパック形式…$(0011\ 0010\ 0011\ 0000\ 0011\ 0000\ 1101\ 0100)_2$
　　　　　　　　$= (323030D4)_{16}$

### 第3章

1　1) $1 \cdot 0 + \bar{1} = 0 + 0 = 0$　　　2) $1 + \bar{0} \cdot 0 = 1 + 0 = 1$

　　3) $(1+0) \cdot (1+\bar{0} \cdot \bar{0}) = 1 \cdot 1 = 1$

2　1)

| $X$ | $Y$ | $\overline{X}$ | $\overline{X}+Y$ | $X\cdot(\overline{X}+Y)$ |
|---|---|---|---|---|
| 0 | 0 | 1 | 1 | 0 |
| 0 | 1 | 1 | 1 | 0 |
| 1 | 0 | 0 | 0 | 0 |
| 1 | 1 | 0 | 1 | 1 |

2)

| $X$ | $Y$ | $Z$ | $\overline{Y}$ | $X\cdot\overline{Y}$ | $\overline{Z}$ | $Y\cdot\overline{Z}$ | $\overline{X}$ | $Z\cdot\overline{X}$ | $X\cdot\overline{Y}+Y\cdot\overline{Z}+Z\cdot\overline{X}$ |
|---|---|---|---|---|---|---|---|---|---|
| 0 | 0 | 0 | 1 | 0 | 1 | 0 | 1 | 0 | 0 |
| 0 | 0 | 1 | 1 | 0 | 0 | 0 | 1 | 1 | 1 |
| 0 | 1 | 0 | 0 | 0 | 1 | 1 | 1 | 0 | 1 |
| 0 | 1 | 1 | 0 | 0 | 0 | 0 | 1 | 1 | 1 |
| 1 | 0 | 0 | 1 | 1 | 1 | 0 | 0 | 0 | 1 |
| 1 | 0 | 1 | 1 | 1 | 0 | 0 | 0 | 0 | 1 |
| 1 | 1 | 0 | 0 | 0 | 1 | 1 | 0 | 0 | 1 |
| 1 | 1 | 1 | 0 | 0 | 0 | 0 | 0 | 0 | 0 |

3　1)　$(0000\ 1010\ 0011\ 0000)_2=(0A30)_{16}$

　　2)　$(1111\ 1111\ 0111\ 1100)_2=(FF7C)_{16}$

　　3)　$(0101\ 0100\ 0011\ 0010)_2=(5432)_{16}$

4　1)　$(7800)_{16}$　　　　　2)　$(0000)_{16}$

5　1)　$+800\ (=+200\times 2^2)$　　2)　$+25\ (=+200\div 2^3)$

6　1)　4 ビット算術シフトする

　　2)　3 ビット算術シフトしたのち，$X$ を加える

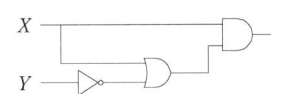

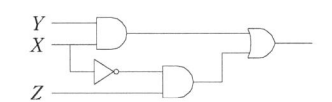

7　1)　　　　　　　　　　　　　2)

# 第4章

1　1)　4200 番地($=4000+200$)　　2)　3000 番地

2　1)　論理積命令$=(23)_{16}$，汎用レジスタ$=5$ より，$(2350\ 11FC)_{16}$

　　2)　算術右シフト命令$=(42)_{16}$，汎用レジスタ$=3$，ビット数$=2$ より，$(4230\ 0002)_{16}$

3　1)　命令コード=(21)$_{16}$=加算命令，汎用レジスタ=GR0，指標レジスタ=「指定なし」より「GR0 に 7 番地の内容 8 を加算する」という意味である．
　　　　したがって，GR0 に 13(=5+8) がセットされる．
　　2)　命令コード=(25)$_{16}$=排他的論理和命令，汎用レジスタ=GR2，指標レジスタ=GR1 より実効アドレス=3+(GR1 の内容)=3+3=6 番地なので「GR2 の内容 10 と 6 番地の内容 7 とで排他的論理和をとる」という意味である．
　　　　次に示す計算により，GR2 に 13 がセットされる．
$$\begin{array}{r}10 = (0000\ 0000\ 0000\ 1010)_2 \\ \underline{\text{XOR})\ 7 = (0000\ 0000\ 0000\ 0111)_2} \\ (0000\ 0000\ 0000\ 1101)_2\ \ = 13\end{array}$$

4　1)　OR=(24)$_{16}$, GR=0, XR=0, adr=1000=(03E8)$_{16}$ より，(2400 03E8)$_{16}$
　　2)　SLL=(43)$_{16}$, GR=5, XR=2, adr=1=(0001)$_{16}$ より，(4352 0001)$_{16}$

5　1)　実効アドレス=500+(GR1 の内容)=500+3=503 より，GR2 の内容 5 を 503 番地にストアする．
　　　　したがって，503 番地に 5 がセットされる．
　　2)　GR0 の内容 11 と 506 番地の内容 7 とで排他的論理和をとる．
$$\begin{array}{r}11 = (0000\ 0000\ 0000\ 1011)_2 \\ \underline{\text{XOR})\ 7 = (0000\ 0000\ 0000\ 0111)_2} \\ (0000\ 0000\ 0000\ 1100)_2\ \ = 12\end{array}$$
　　という計算により，GR0 に 12 がセットされる．

6　1)　LD　GR0, 3000　　　2)　ST　GR1, 4500
　　3)　ADD　GR2, 6000　　4)　SLL　GR3, 4

7　1)　$5n$ (GR5 に $n$ をロードした後 2 ビット左に算術シフトするので $4n$ となる．さらに $n$ を加えるので $5n$ となる)
　　2)　$-n$ (GR6 に $n$ をロードした後 $n$ と排他的論理和をとるので 0 となる．さらに，そこから $n$ を引くので $-n$ となる)

## 第 5 章

1　0.9×10+0.1×300=9+30=39 ナノ秒

2 　$\dfrac{1\text{個}}{40\times 10^{-9}\text{秒}}=\dfrac{10^9\text{個}}{40\text{秒}}=25\times 10^6\text{個}/\text{秒}=25\text{MIPS}$

3 　1)　1011 1101　　　2)　1110 0001　　　3)　0100 0010

4 　1)　$(0D)_{16}$ を $(05)_{16}$ に修正する　　　2)　$(F2)_{16}$ を $(F0)_{16}$ に修正する

5 　1 セクタ内のレコード数＝3 件

　　1 トラック内のレコード数＝3×10＝30 件

　　3000÷30＝100 トラック

6 　ブロック長＝1000×2＋500＝2500B

　　30000÷2500＝12 ブロック/トラック

　　12×2＝24 レコード/トラック

　　240×10＝240 レコード/シリンダ

　　5000÷240＝20.8…＝21 シリンダ

7 　平均回転待ち時間＝$\dfrac{1}{2}\times\dfrac{60\times 1000}{6000}$＝5ms

　　転送速度＝$\dfrac{20000\times 6000}{60\times 1000}$＝2000B/ms

　　したがって，平均アクセス時間＝$5+5+\dfrac{1000\times 4}{2000}$＝12ms

## 第6章

1 　1 文字は 10 ビットなので，$\dfrac{9600\times 0.8\times 60}{8\times 10}$＝576 個

2 　1)　0.9×0.9＝0.81 より，

　　　　1−(1−0.81)×(1−0.81)＝1−0.19×0.19 ≒ 0.9639

　　2)　1−(1−0.9)×(1−0.9)＝1−0.1×0.1＝0.99 より，0.99×0.99 ≒ 0.9801

3 　装置Aの稼働率：$\dfrac{480}{480+20}$＝0.96，装置Bの稼働率：$\dfrac{360}{360+40}$＝0.9 より

　　1−(1−0.96)×(1−0.9)＝1−0.04×0.1 ≒ 0.996

# 索　引

## あ行

アーキテクチャ …………………………… 4
アーム ……………………………………… 96
アキュムレータ …………………………… 89
アクセス …………………………… 82,100
アクセス時間 ……………………………… 85
アクセススピード ………………………… 97
アクセス制御方式 ……………………… 119
アクセス単位 ……………………………… 99
値欄 …………………………………… 43,44
アップロード …………………………… 123
アドレス ………………………………… 4,69
アドレス演算部 …………………………… 88
アドレス修飾 ……………………………… 68
アドレス選択機構 ………………………… 84
アドレス部 ………………………………… 67
アドレス方式 ……………………………… 6
アドレスレジスタ ………………………… 84
アプリケーション層 …………………… 118
アプリケーションプログラム …………… 5
アンダフロー ……………………………… 34
アンパック形式 ……………………… 30,31,39
異機種間接続 …………………………… 121
位置決め時間 …………………………… 100
1の補数 …………………………………… 32
1の補数表現 ………………………… 21,22
1バイト(byte) …………………………… 3
インターネット ………………………… 121
インデックス修飾 ………………… 68,73,87,
打ち切り誤差 ………………………… 27,34
$n$進数 ……………………………………… 19
演算 ………………………………………… 2
演算回路 …………………………………… 87
演算順位 …………………………………… 42
演算装置 ………………………………… 2,4

演算速度 …………………………………… 6
応用層 …………………………………… 118
応用ソフトウェア ………………………… 5
応用プログラム …………………………… 5
オーバーフロー …………………………… 36
オペランド ………………………… 36,56,67
オペレーティングシステム ………… 5,91
重み ………………………………………… 9,12

## か行

回線終端装置 …………………………… 115
回線利用率 ……………………………… 115
階層化 ……………………………………… 5
回転待ち時間 …………………………… 101
解読器 ……………………………………… 88
外部記憶装置 ……………………………… 95
回路図 ……………………………………… 52
各桁の重み ……………………………… 10
加算回路 …………………………………… 53
加算器 ……………………………………… 87
加算命令 …………………………………… 74
仮数部 ……………………………… 24,25,26
仮数部の絶対値 ………………………… 33
仮数部の符号 …………………………… 33
仮想記憶方式 ……………………………… 6
画像データ ……………………………… 100
合併集合(和集合) ……………………… 55
稼働率 …………………………… 124,125
偽 …………………………………………… 40
キーボード ………………………………… 3
記憶 ………………………………………… 2
記憶装置 …………………………………… 4
記憶容量 ………………………………… 3,8
記憶容量の単位 …………………………… 3
機械語命令 …………………………… 66,75
ギガバイト(GB) ………………………… 4

| | |
|---|---|
| 基数 | 10 |
| 奇数パリティ | 92 |
| 基本アーキテクチャ | 6 |
| 基本ソフトウェア | 5 |
| キャッシュメモリ | 82,86 |
| キャラクタプリンタ | 4 |
| 共通部分(積集合) | 55 |
| 偶数パリティ | 92 |
| クライアント | 120 |
| クライアントサーバシステム | 120 |
| ゲートウェイ | 121 |
| ケーバイト(KB) | 4 |
| ゲーム用コンピュータ | 2 |
| 桁落ち | 28,33,34 |
| 結合法則 | 45,55 |
| 減算命令 | 74 |
| 交換法則 | 45,55 |
| 高機能コンピュータ | 2,8 |
| 故障率 | 124,125 |
| 5大機能 | 2 |
| 固定小数点数 | 24,70 |

## さ行

| | |
|---|---|
| サーバ | 120 |
| サイクル時間 | 85 |
| 三角グラフ | 7 |
| 32ビット整数 | 20 |
| 算術演算 | 4,36,40,54,55,87 |
| 算術演算命令 | 70,74 |
| 算術回路 | 52 |
| 算術加算 | 70 |
| 算術減算 | 70 |
| 算術シフト | 48,49,50 |
| 算術比較 | 70 |
| 算術左シフト | 70,75 |
| 算術右シフト | 70,75 |
| シーク時間 | 100 |
| 磁気ヘッド | 96,100 |
| 指数部 | 24,26,33 |
| シスク | 90 |

| | |
|---|---|
| システム構成 | 127 |
| 実効アドレス | 68,69,71,88,89 |
| 実数表現 | 24,38 |
| 指標レジスタ | 67,68,69,71,72,73,74 |
| 指標レジスタ部 | 67,68,69 |
| シフト | 48,54,75 |
| シフト命令 | 75 |
| 集合演算 | 55 |
| 集合演算の公式 | 55 |
| 10進16進変換 | 16 |
| 10進数 | 9,15,16 |
| 10進2進変換 | 12 |
| 10進表現 | 21,24,38 |
| 集積回路 | 82 |
| 集線装置 | 119 |
| 16進10進変換 | 16 |
| 16進数 | 15,16 |
| 16進2進変換 | 18 |
| 16進表現 | 20,21,24,38,49 |
| 16ビット整数 | 20 |
| 16ビット単位 | 4 |
| 16ビットの符号付き整数 | 23,24 |
| 主記憶装置 | 2,3 |
| 出力(output) | 2,4 |
| 出力機能 | 4 |
| 出力装置 | 2,4 |
| 小規模ネットワーク | 122 |
| 条件付き分岐命令 | 71,75 |
| 乗算器 | 87 |
| 小数部分の2進化 | 13 |
| 小数部分の変換 | 13,17 |
| 情報落ち | 28,34 |
| (常用)対数 | 25 |
| シリンダ | 96 |
| シリンダ数 | 98,99 |
| 真 | 40 |
| シンプレックスシステム | 124 |
| 真理値 | 40 |
| 真理値表 | 43 |
| 水平垂直パリティチェック | 93 |

| | |
|---|---|
| スーパーコンピュータ | 2 |
| スキャナー | 3 |
| スター型 | 119 |
| スタートビット | 116 |
| ストア | 70,74 |
| ストアドプログラム方式 | 6 |
| ストア命令 | 70,73 |
| ストップビット | 116 |
| 正規化 | 25 |
| 制御 | 2 |
| 制御情報 | 99 |
| 制御装置 | 2,4 |
| 制御用コンピュータ | 2 |
| 整数表現 | 20,38 |
| 整数部分の2進化 | 13 |
| 整数部分の変換 | 13,16 |
| 正分岐 | 70 |
| 正分岐命令 | 75 |
| セクタ | 96 |
| セクタ数 | 99 |
| セクタ単位 | 99 |
| セクタ長 | 99 |
| セッション層 | 118 |
| 接続業者 | 122 |
| 絶対アドレス方式 | 69 |
| 絶対誤差 | 34 |
| 絶対値表現 | 21,22 |
| 零分岐 | 70 |
| 零分岐命令 | 75 |
| 全角文字 | 4 |
| 全加算器 | 53 |
| 先行制御方式 | 89 |
| 全体の稼働率 | 125,126 |
| 全体の故障率 | 125,126 |
| 送信権(トークン) | 119 |
| 相対アドレス方式 | 69 |
| 相補演算 | 56 |
| ソフト | 5 |
| ソフトウェア | 5 |
| ソフトウェアの階層 | 5 |

## た行

| | |
|---|---|
| 大規模ネットワーク | 122 |
| ダウンロード | 123 |
| 多重プロセッサシステム | 124 |
| 逐次制御カウンタ | 87 |
| 逐次制御方式 | 89 |
| 中央処理装置 | 2,90 |
| 中規模ネットワーク | 122 |
| 抽象構文 | 118 |
| 調歩同期方式 | 116 |
| 直接プログラム制御方式 | 6 |
| 直列 | 125 |
| 通信回線 | 115 |
| 通信管理システム | 5 |
| 通信規約 | 117 |
| 通信速度 | 115 |
| ディジタル録画可能 | 3 |
| ディスク | 3,102 |
| ディスケット | 95 |
| ディスプレイ装置 | 4 |
| データ長 | 101 |
| データ転送時間 | 100,101 |
| データ転送速度 | 101 |
| データ転送命令 | 70,73 |
| データベース管理システム | 5 |
| データベースソフト | 7 |
| データリンク層 | 118 |
| デコーダ | 88 |
| デスクトップ | 2 |
| デュアルシステム | 123 |
| デュープレックスシステム | 124 |
| テラバイト(TB) | 4 |
| 電子メール | 121 |
| 転送構文 | 118 |
| 伝送制御手順 | 116 |
| 伝送路 | 119 |
| 等価演算 | 56 |
| 同期 | 115,116 |
| 同期方式 | 116 |

| | |
|---|---|
| トークンパッシング | 119 |
| トークンリング方式 | 119 |
| トポロジ | 119 |
| ドメイン名 | 121 |
| ド・モルガンの法則 | 45,55 |
| トラック | 96,97 |
| トラック数 | 98 |
| トランスポート層 | 118 |

## な行

| | |
|---|---|
| 2次記憶装置 | 95 |
| 二重否定 | 45,55 |
| 2進化10進数 | 30 |
| 2進10進変換 | 11 |
| 2進16進変換 | 18 |
| 2進数 | 10,16 |
| 2進数の重み | 12 |
| 2進数の加算 | 14 |
| 2進表現 | 21,24 |
| 2の補数 | 22,32,33 |
| 2の補数表現 | 21,22,24 |
| ニモニックコード | 73 |
| 入出力命令 | 70 |
| 入力(input) | 2,3 |
| 入力装置 | 2,3 |
| ネームサーバ | 122 |
| ネットワークアーキテクチャ | 117 |
| ネットワークアドレス部 | 122 |
| ネットワークシステム | 119 |
| ネットワーク層 | 118 |
| ノイマン型 | 3 |
| ノード | 119 |
| ノート型 | 2 |

## は行

| | |
|---|---|
| ハードウェア | 2,4 |
| ハードディスク | 3 |
| ハードディスク装置 | 96 |
| 排他的論理和 | 40,41,48,53,70,74 |
| 排他的論理和演算(EOR) | 62 |
| バイト | 83 |
| パイプライン処理 | 89 |
| バス型 | 119 |
| パソコン | 2 |
| 8ビット整数 | 20 |
| 8ビット単位 | 4 |
| パック形式 | 30,39 |
| パリティチェック | 92 |
| パリティビット | 92 |
| 半角文字 | 4 |
| 半加算器 | 53 |
| バンク | 86 |
| 半導体 | 82 |
| 汎用コンピュータ | 2 |
| 汎用レジスタ | 66,67,73,87 |
| 汎用レジスタ部 | 67 |
| 被演算子 | 56 |
| 比較命令 | 71 |
| 光磁気ディスク（MO） | 97 |
| 光磁気ディスク装置 | 97 |
| 光ファイバ | 123 |
| 非零分岐 | 70 |
| 筆算形式 | 46 |
| ビット | 83 |
| ビット(bit) | 3 |
| ヒット率 | 86 |
| 否定（NOT） | 40,55 |
| ビデオテープ | 3 |
| 非負分岐命令 | 75 |
| 表計算ソフト | 5,7 |
| 標準プロトコル | 118 |
| ファイアウォール | 123 |
| ブール代数 | 55 |
| フェッチ | 88 |
| 符号付き整数 | 21 |
| 符号付き整数の表現 | 21 |
| 符号なし整数 | 20 |
| 不正アクセス | 123 |
| 物理層 | 118 |
| 浮動小数点形式 | 32 |

| | |
|---|---|
| 浮動小数点数 | 24,27,70 |
| 浮動小数点表示 | 33 |
| 負分岐 | 70 |
| 負分岐命令 | 75 |
| ブラウザ | 121 |
| フラグレジスタ | 71,75 |
| ブリッジ | 119 |
| プリンタ | 4 |
| フレーム | 116 |
| フレキシブルディスク | 96 |
| プレゼンテーション層 | 118 |
| ブロードバンド | 122 |
| プログラムカウンタ | 69,87 |
| プログラム内蔵方式 | 3,6 |
| プログラムレジスタ | 69,87,88,89 |
| ブロッキングファクタ | 98 |
| ブロック | 98 |
| ブロック化係数 | 98,99 |
| ブロック間隔 | 99 |
| ブロック長 | 99 |
| フロッピィディスク | 3,96,98 |
| フロッピィディスク装置 | 96 |
| プロトコル | 117 |
| プロバイダ | 122 |
| 分岐命令 | 71 |
| 分配法則 | 45,55 |
| 平均アクセス時間 | 86,100 |
| 平均位置決め時間 | 100 |
| 平均回転待ち時間 | 100 |
| 平均故障間隔 | 124 |
| 平均故障時間 | 124 |
| 平均シーク時間 | 102 |
| 並列 | 125,126 |
| 並列処理 | 90 |
| ベーシック手順 | 116 |
| ページプリンタ | 4,8 |
| ベースアドレス方式 | 69 |
| ベースレジスタ | 69 |
| ベン図 | 55 |
| ポジショニング時間 | 100 |

| | |
|---|---|
| 補集合 | 55 |
| 補助記憶装置 | 2,3,95 |
| 補数器 | 87 |
| ホストアドレス部 | 122 |

## ま行

| | |
|---|---|
| マーク読み取り装置 | 3 |
| マイクロコンピュータ | 1 |
| マイクロプロセッサ | 4 |
| マイコン | 2 |
| マウス | 3 |
| ミドルウェア | 5 |
| ミニコンピュータ | 1 |
| 無限小数 | 13,27,35 |
| 無条件分岐 | 70 |
| 無条件分岐命令 | 71,75 |
| 命令 | 66 |
| 命令アドレスレジスタ | 87 |
| 命令カウンタ | 87 |
| 命令コード部 | 67,88 |
| 命令サイクル | 88 |
| 命令の取り出し | 88 |
| 命令レジスタ | 88 |
| メインフレーム | 1 |
| メールサーバ | 2,121 |
| メガバイト(MB) | 4 |
| メモリ | 82 |
| メモリアドレスレジスタ | 84,88,89 |
| メモリインタリーブ | 86 |
| メモリレジスタ | 84,88,89 |
| 文字コード | 28 |
| 文字コード体系 | 28 |
| 文字表現 | 28 |
| モデム | 115,123 |

## や行

| | |
|---|---|
| 有限 | 27 |
| 有限小数 | 13 |
| 有効アドレス | 68 |
| 有効桁数 | 25,27,32,38 |

有効数字 …………………………… 25
優先順位 …………………………… 42
容量計算 ………………………… 97,98

## ら行

ラインプリンタ ……………………… 4
ラップトップ ………………………… 2
リスク ……………………………… 90
リピータ ………………………… 120
リフレッシュ ……………………… 82
リング型 ………………………… 119
ルータ …………………………… 120
ルーティング …………………… 118
ルーティング機能 ……………… 121
レコード ………………………… 98
レコード数 ……………………… 99
レコード長 ……………………… 99
レジスタ ………………………… 59
連続同期方式 ………………… 116
ロード …………………………… 70
ロード命令 …………………… 70,72
論理演算 ……………… 4,40,46,47
論理演算子 ………… 40,41,42,44,46
論理演算の公式 ………………… 45
論理演算命令 ………………… 70,74
論理回路 ………………………… 51
論理式 ………………………… 42,43
論理式欄 ………………………… 43
論理シフト …………………… 48,75
論理積 …………………… 47,53,55
論理積(AND) …………………… 41
論理値 ………………………… 40,44
論理左シフト ………………… 70,75
論理変数 …………… 40,41,42,43
論理右シフト ………………… 70,75
論理和 …………… 40,41,42,47,53,55
論理和（OR） …………………… 41

## わ行

ワークステーション ……………… 2,5

ワード …………………………… 83
ワープロソフト …………………… 5,7
ワクチンソフト ………………… 123
割込み …………………………… 91

## A

ADD 命令 ………………………… 74
ADSL …………………………… 123
ADSL モデム …………………… 123
AND 回路 …………………… 51,53,54
AND ゲート ……………………… 51
AND 命令 ………………………… 74

## B

BCD コード ……………………… 30
bps ……………………………… 115

## C

CD ………………………………… 3
CD-R …………………………… 97
CD-ROM ………………………… 97
CD-ROM 装置 …………………… 97
CD-RW ………………………… 97
CISC ……………………………… 90
CPU(中央処理装置) ……… 2,4,8,88,90
CSMA/CD 方式 ………………… 119

## D

DCE …………………………… 115
DHCP ………………………… 122
DNS サーバ …………………… 122
DRAM ………………………… 82
DSU …………………………… 115
DVD ……………………………… 3
DVD-RAM ……………………… 97
DVD-ROM ……………………… 97
DVD-RW ……………………… 97

DVD 装置 ················································· 97

## E

EOR ····················································· 62
EPROM ················································· 83

## F

FTTH ·················································· 123

## G

GB ················································· 4,8,86

## H

HDLC ················································· 116
HTML ················································ 122
HTTP ················································· 122

## I

IBG ····················································· 99
IC ······················································· 82
IP ····················································· 118
IPv4 ·················································· 122
IPv6 ·················································· 122
IP アドレス ····································· 120,122
ISO ··················································· 117

## J

JIS コード ········································ 28,38
JIS コード表 ······································ 29,36

## K

kB（キロバイト）································ 4,83

## L

LAN ·················································· 119
LAN 間接続機器 ··································· 120
LD 命令 ··············································· 73
Linux（リナックス）······························ 5,8
LSI ····················································· 82

## M

MAC アドレス ····································· 120
MB ················································ 4,8,83
MHz ··················································· 91
MIPS 値 ··············································· 90
MPU ····················································· 4
MTBF ··········································· 124,125
MTTR ··········································· 124,125

## N

NAND 回路 ·········································· 54
NOR 回路 ············································ 54
NOT 回路 ···································· 51,53,54
NOT ゲート ········································ 51
$n$ 桁移動 ············································ 25
$n$ ビット ·············································· 6

## O

OR ····················································· 59
OR 回路 ······································· 51,53,54
OR ゲート ·········································· 51
OR 命令 ·············································· 74
OS（オーエス）······························· 5,8,91
OSI 基本参照モデル ···························· 117

## P

POP3 ················································· 121
PROM ················································· 83
protocol ············································· 117

## R

RAM ··················································· 82
RISC ··················································· 90
ROM ··················································· 83

## S

SUB 命令 ············································ 74
SLA ··················································· 75
SLL ··················································· 75

SMTP ...... 121
SRA ...... 75
SRAM ...... 82
SRL ...... 75
ST 命令 ...... 73

## T
TB ...... 4
TCP ...... 118
TCP/IP ...... 118

## U
UNIX（ユニックス）...... 5
URL ...... 121

## V
VLSI ...... 82

## W
Word ...... 86
Web サーバ ...... 2,8,122
Windows（ウィンドウズ）...... 5
WWW ...... 121,122
WWW サーバ ...... 122
WWW（World Wide Web）...... 121

## X
XOR ...... 41,59
XOR 命令 ...... 774

## <<< 参考文献 >>>

1) アイテック情報技術教育研究所編「徹底解説基本情報技術者本試験問題」(アイテック)
2) 玉井浩「これが LISP だ！」(サイエンス社)
3) 中央情報教育研究所監修「コンピュータシステム」(コンピュータエイジ社)
4) 中央情報教育研究所監修「データベース技術」(コンピュータエイジ社)
5) 中央情報教育研究所監修「ネットワーク技術」(コンピュータエイジ社)
6) 中田育男「コンパイラ」(産業図書)
7) 日経 NETWORK 編「絶対わかる！新・ネットワーク超入門」(日経ＢＰ社)
8) 宮沢修二ほか「コンピュータシステムの基礎」(アイテック)
9) 矢沢久雄「やさしいコンピュータ教室」(日経ＢＰ社)
10) 矢沢久雄「コンピュータはなぜ動くのか」(日経ＢＰ社)
11) 矢沢久雄「プログラムはなぜ動くのか」(日経ＢＰ社)
12) 天野司「Windows はなぜ動くのか」(日経ＢＰ社)
13) 「2001 秋版基本情報技術者完全解答」(オーム社)
14) 「コンピュータ科学基礎」(中央情報教育研究所)
15) 鑪山徹「CASL で学ぶコンピュータの仕組み」(共立出版)
16) 鑪山徹「Java とアルゴリズム演習」(工学図書)
17) 鑪山徹「C 言語とアルゴリズム演習」(工学図書)
18) 鑪山徹「Prolog プログラミング入門」(工学図書)
19) 鑪山徹「ソフトウェアのための基礎数学」(工学図書)

――著 者 略 歴――

鑰 山　　徹（かぎやま　とおる）

昭和51年　東京工業大学理学部情報科学科　卒業
現　　在　千葉経済大学経済学部経済学科　教授

**主要著書**

Prolog プログラミング入門　工学図書（1987）
C言語とアルゴリズム演習　工学図書（1990）
C言語とプログラミング　工学図書（1991）
C言語と関数定義　工学図書（1994）
新CASLプログラミング入門　工学図書（1995）
CASLで学ぶコンピュータの仕組み　共立出版（1996）
Cによるプログラム表現法　共立出版（1996）
続・C言語とアルゴリズム演習　工学図書（1999）
ソフトウェアのための基礎数学　工学図書（2002）
Javaとアルゴリズム演習　工学図書（2003）
これから学ぶ文科系の基礎数学（2003）

---

これから学ぶ　コンピュータ科学入門
〈ハードウェア編〉　　　　　　　　　　Printed in Japan

平成17年2月10日　初　版
令和6年2月15日　　6　版

　　　　　　　　　　著　者　鑰　山　　徹
　　　　　　　　　　発行者　萬　上　圭　輔
　　　　　発行所　工学図書株式会社
　　　　　　　　　　東京都文京区本駒込1-25-32
　　　　　　　　　　電　話　03（3946）8 5 9 1番
　　　　　　　　　　F A X　03（3946）8 5 9 3番
　　　　　　　　　　http://www.kougakutosho.co.jp

　　　　　印刷所　恵友印刷株式会社

Ⓒ　鑰山　徹　　2005
　　　ISBN 978-4-7692-0467-1 C3058
　　　☆定価はカバーに表示してあります。